QUÍMICA ORGÂNICA

G216q Garcia, Cleverson Fernando.
          Química orgânica : estrutura e propriedades / Cleverson Fernando Garcia, Esther Maria Ferreira Lucas, Ildefonso Binatti. – Porto Alegre : Bookman, 2015.
          xiii, 164 p. : il. color. ; 25 cm.

          ISBN 978-85-8260-243-0

          1. Química orgânica. I. Lucas, Esther Maria Ferreira. II. Binatti, Ildefonso. III. Título.

                                                                            CDU 547.022

Catalogação na publicação: Poliana Sanchez de Araujo – CRB 10/2094

CLEVERSON FERNANDO GARCIA
ESTHER MARIA FERREIRA LUCAS
ILDEFONSO BINATTI

QUÍMICA ORGÂNICA
» ESTRUTURA E PROPRIEDADES

bookman

2015

© Bookman Companhia Editora, 2015

Gerente editorial: *Arysinha Jacques Affonso*

Colaboraram nesta edição:

Editora: *Verônica de Abreu Amaral*

Assistente editorial: *Danielle Oliveira da Silva Teixeira*

Processamento pedagógico: *Mônica Stefani*

Leitura Final: *Daniele Dall'Oglio Stangler*

Capa e projeto gráfico: *Paola Manica*

Imagem da capa: *Chad Baker/Digital Vision/Thinkstock*

Editoração: *Bookabout – Roberto Carlos Moreira Vieira*

Reservados todos os direitos de publicação à
BOOKMAN EDITORA LTDA., uma empresa do GRUPO A EDUCAÇÃO S.A.
A série Tekne engloba publicações voltadas à educação profissional e tecnológica.
Av. Jerônimo de Ornelas, 670 – Santana
90040-340 – Porto Alegre – RS
Fone: (51) 3027-7000 – Fax: (51) 3027-7070

É proibida a duplicação ou reprodução deste volume, no todo ou em parte, sob quaisquer formas ou por quaisquer meios (eletrônico, mecânico, gravação, fotocópia, distribuição na Web e outros), sem permissão expressa da Editora.

Unidade São Paulo
Av. Embaixador Macedo Soares, 10.735 – Pavilhão 5 – Cond. Espace Center
Vila Anastácio – 05095-035 – São Paulo – SP
Fone: (11) 3665-1100 – Fax: (11) 3667-1333

SAC 0800 703-3444 – www.grupoa.com.br

IMPRESSO NO BRASIL
PRINTED IN BRAZIL

 Autores

Prof. Cleverson Fernando Garcia Possui bacharelado e licenciatura em Química pela Universidade Federal de Viçosa (1998), doutorado em Ciências, área de Química Orgânica, pela Universidade Federal de São Carlos (2005) e especialização em Estatística pela Universidade Federal de Minas Gerais (2013). Iniciou sua atividade docente no Centro Federal de Educação Tecnológica de Minas Gerais (CEFET-MG) em 2006 como professor substituto. Desde 2008 é professor efetivo do Departamento de Química onde leciona as seguintes disciplinas no curso Técnico em Química e no Bacharelado em Química Tecnológica: Química Orgânica (teóricas e práticas), Química Bio-orgânica, Óleos Vegetais – Propriedades e Quantificação de Ácidos Graxos e Utilização do Software R por Químicos.

Profa. Esther Maria Ferreira Lucas Possui bacharelado em Farmácia pela Universidade Federal de Minas Gerais (1995), mestrado (1998) e doutorado (2007) em Ciências, área de Química Orgânica, pela Universidade Federal de Minas Gerais. Lecionou na Universidade Federal de Lavras (2009–2010), ministrando as disciplinas de Química Geral e Química Orgânica para os cursos de Química, Agronomia, Biologia, Engenharia de Alimentos e Engenharia Florestal, e Química Orgânica e Química dos Produtos Naturais para o curso de Química. Desde 2011 é professora no Centro Federal de Educação Tecnológica de Minas Gerais (CEFET-MG), onde leciona disciplinas de Laboratório de Química Básica e Química Orgânica nos cursos de graduação de Engenharia Mecânica e Engenharia de Materiais, e Química Orgânica, Bioquímica e Métodos Espectrométricos para Identificação de Compostos Orgânicos no curso Bacharelado em Química Tecnológica.

Prof. Ildefonso Binatti Possui bacharelado em Farmácia (1999), mestrado em Ciências Farmacêuticas (2001) e doutorado em Ciências, área de Química Orgânica (2005), pela Universidade Federal de Minas Gerais. Desde 2008 é professor do Departamento de Química onde leciona as seguintes disciplinas do curso Técnico em Química e do Bacharelado em Química Tecnológica do Centro Federal de Educação Tecnológica de Minas Gerais (CEFET-MG): Química Geral, Química Orgânica (teóricas e práticas), Química dos Medicamentos e Bioquímica.

Dedico esta obra aos meus pais, Antonio e Helena, por serem modelo de dedicação, trabalho e responsabilidade. À minha esposa Cida, por seu incentivo, companheirismo e paciência durante o período de elaboração desta obra. À minha filha Laura, por ser minha força inspiradora. Por fim, aos meus mestres que tanto contribuíram com minha formação acadêmica.
Cleverson Fernando Garcia

Dedico esta obra às pessoas que se tornaram estrelas em minha vida, por me guiar, complementar e iluminar: Conceição Léa, Maria das Dores, Maria da Piedade e Ester Giovanini (in memoriam), Alex-Sander Amável, Arthur Amável e Marcos Amável.
Esther Maria Ferreira Lucas

Dedico esta obra aos meus avós Ildefonso (in memoriam) e Lola, por serem meu norte e por sua dedicação em prover uma educação de qualidade. À minha esposa Júnia, um exemplo de vida e alegria, por estar ao meu lado me apoiando em todos os momentos. À minha filha Bia e ao bebê, que está por vir, pela alegria que trazem à minha vida.
Ildefonso Binatti

 Ambiente Virtual de Aprendizagem

Se você adquiriu este livro em ebook, entre em contato conosco para solicitar seu código de acesso para o ambiente virtual de aprendizagem. Com ele, você poderá complementar seu estudo com os mais variados tipos de material: aulas em PowerPoint®, quizzes, vídeos, leituras recomendadas e indicações de sites.

Todos os livros contam com material customizado. Entre no nosso ambiente e veja o que preparamos para você!

SAC 0800 703-3444

divulgacao@grupoa.com.br

www.grupoa.com.br/tekne

Prefácio

A inexistência de um livro de Química Orgânica dedicado aos alunos e docentes do ensino técnico, aliada à crescente demanda por profissionais com esse tipo de conhecimento, foi a grande motivação para a elaboração desta obra.

O livro está dividido em seis capítulos: os primeiros capítulos apresentam a definição, a metodologia de construção e as notações adequadas para a representação estrutural e atribuição da nomenclatura aos compostos orgânicos (de acordo com as regras da IUPAC). Em seguida, são discutidas as implicações das características estruturais de tais compostos sobre suas propriedades físicas. Por fim, aulas práticas e estudos de casos contemplam os conteúdos apresentados e procuram relacioná-los às atividades profissionais do técnico em química e a algumas situações do cotidiano.

Este lançamento da série Tekne é o primeiro livro de Química Orgânica idealizado com o intuito de oferecer as ferramentas necessárias para a formação profissional, sendo um instrumento pedagógico indispensável para alunos e professores dos cursos dos eixos Controle e Processos Industriais e Produção Industrial, previstos pelo Ministério da Educação no Programa Nacional de Acesso ao Ensino Técnico e Emprego (Pronatec).

Dessa forma, desejamos a todos uma leitura agradável e bons estudos.

Os autores

Sumário

capítulo 1
Compostos de carbono 1
Histórico 2
Estrutura dos
   compostos orgânicos 3
Ligações químicas 5
   Átomos, elementos e carga formal 5
   *Teoria do octeto e formação das
      ligações químicas* 5
Hibridização 8
Geometria e polaridade
   das moléculas 10
   Geometria molecular 11
   Polaridade das ligações 14
   Polaridade das moléculas 14
   Resumo da geometria
      e polaridade moleculares 16
Representações estruturais 17
   Fórmula estrutural de pontos 17
   Fórmula estrutural de traços 18
   Fórmula estrutural condensada 19
   Fórmula estrutural de linha de ligação 19
   Resumo das fórmulas estruturais 21

capítulo 2
**Classificação e nomenclatura dos
   compostos orgânicos** 25
Classificação dos carbonos 26
   Classificação dos carbonos quanto ao número de
      átomos de carbonos diretamente ligados 26
   Classificação dos carbonos quanto ao tipo
      de ligação covalente que possuem 26
Classificação das
   cadeias carbônicas 27
   Classificação quanto à
      presença de heteroátomos 27
   Classificação quanto à presença
      de insaturação na cadeia 27
   Classificação quanto à
      presença de ramificações 28
   Classificação quanto à presença de ciclos 28
   Classificação quanto à presença
      de anéis aromáticos 29
Funções orgânicas 30
Nomenclatura dos
   compostos orgânicos 37
   Nomenclatura de hidrocarbonetos 37
      Nomenclatura de alcanos de cadeia normal 37
      *Nomenclatura de alcanos de cadeia
         ramificada (uma ramificação)* 38
      *Nomenclatura de alcanos de cadeia
         ramificada (duas ou mais ramificações)* 41
      *Nomenclatura de cicloalcanos de
         cadeia normal* 43
      *Nomenclatura de cicloalcanos de
         cadeia mista (uma ramificação)* 44
      *Nomenclatura de cicloalcanos de cadeia
         mista (duas ramificações)* 44
      *Nomenclatura de cicloalcanos de
         cadeia mista (três ou mais ramificações)* 46
      *Nomenclatura de alquenos de
         cadeia normal e com uma ligação dupla* 47
      *Nomenclatura de alquenos de cadeia
         normal com mais de uma ligação dupla* 47
      *Nomenclatura de alquenos de cadeia
         ramificada com uma ligação dupla* 48
      *Nomenclatura de cicloalquenos de
         cadeia normal com uma ligação dupla* 49
      *Nomenclatura de cicloalquenos de cadeia
         normal com mais de uma ligação dupla* 50
      *Nomenclatura de cicloalquenos de
         cadeia mista com uma ligação dupla* 50
      Nomenclatura de alquinos e cicloalquinos 51
      *Nomenclatura de compostos aromáticos com
         cadeia normal* 51
      *Nomenclatura de compostos aromáticos
         de cadeia mista* 52

Nomenclatura de haletos orgânicos 54
    Nomenclatura de haletos orgânicos de cadeia normal acíclica e saturada 54
    Nomenclatura de haletos orgânicos de cadeia acíclica, saturada e ramificada 55
    Nomenclatura de haletos orgânicos de cadeia cíclica e saturada 56
Compostos oxigenados 56
    Nomenclatura de alcoóis de cadeia normal, saturada, acíclica e com uma hidroxila 56
    Nomenclatura de alcoóis de cadeia normal, saturada, acíclica e com mais de uma hidroxila 57
    Nomenclatura de alcoóis de cadeia normal, saturada e cíclica 58
    Nomenclatura de alcoóis com cadeia ramificada 58
    Nomenclatura de fenóis 60
    Nomenclatura de éteres de cadeia normal e acíclica 61
    Nomenclatura de aldeídos de cadeia normal e saturada 62
    Nomenclatura de aldeídos de cadeia ramificada e saturada 63
    Nomenclatura de cetonas de cadeia normal e saturada 63
    Nomenclatura de cetonas de cadeia ramificada e saturada 64
    Nomenclatura de ácidos carboxílicos de cadeia normal e saturada 64
    Nomenclatura de ácidos carboxílicos com cadeia ramificada e saturada 65
    Nomenclatura de ésteres de cadeia normal e saturada 65
    Nomenclatura de anidridos de cadeias normais e idênticas 66
Compostos nitrogenados 67
    Nomenclatura de aminas primárias 67
    Nomenclatura de aminas secundárias e terciárias 67
    Nomenclatura de nitrilas de cadeia normal e saturada 68
Compostos oxinitrogenados 68
    Nomenclatura de amidas de cadeia normal e saturada 68

    Nomenclatura de amidas de cadeia ramificada e saturada 69
    Nomenclatura de nitrocompostos 70
    Nomenclatura de compostos sulfurados: ácidos sulfônicos de cadeia saturada 71
A nomenclatura IUPAC no cotidiano 72

capítulo 3
Isomeria 77
Isomeria constitucional 78
    Isomeria de posição 78
    Isomeria de cadeia 79
    Isomeria de função 79
    Tautomeria 79
    Metameria 80
Estereoisomeria 81
    Fórmula estrutural de cunha – cunha tracejada – linha 81
    Isomeria geométrica 82
        Identificação e nomenclatura de isômeros geométricos 83
    Carbonos estereogênicos 87
    Isomeria óptica 88
        Giros permitidos para isômeros ópticos com um carbono estereogênico 90
        Designação da configuração absoluta de carbonos estereogênicos 91
        Moléculas que possuem dois carbonos estereogênicos 93
        Caracterização de isômeros ópticos acíclicos com dois carbonos estereogênicos 95
        Atividade óptica e sua nomenclatura 97

capítulo 4
Relações entre estrutura e propriedades físico-químicas 101
Forças intermoleculares 102
Temperaturas de transição 105
Densidade 110
Miscibilidade 110
Relações entre os tipos de isomeria e as propriedades físico-químicas 113
Contextualização 115

capítulo 5
Aulas práticas 119
Caracterização de
  polímeros comerciais 120
Determinação da acidez
  livre de óleos vegetais 124
Determinação do teor de etanol
  na gasolina comercial 127
Estudo de algumas propriedades
  tecnológicas do polvilho azedo 129
Determinação do teor
  de tensoativo em detergentes comerciais 133
Sintese do ácido acetilsalicílico (AAS) e
  do salicilato de metila 137
Análise qualitativa de alcoóis 140

capítulo 6
Exercícios e estudos de caso 145
Metabólitos 146
  Metabólitos primários 146
  Metabólitos secundários vegetais 150
    Alcaloides 150
    *Limoneno: características químicas
     e métodos de extração* 152
As geleias e a pectina 155
Processo de fabricação de sabão em pasta
  para dar brilho às louças 158

Leituras sugeridas 163

capítulo 1

Compostos de carbono

Os compostos de carbono, ou compostos orgânicos, estão presentes desde antes do surgimento da vida em nosso planeta. Teorias indicam que os seres vivos só puderam se estruturar com a formação das moléculas orgânicas que, combinadas, deram origem às primeiras células. Em nosso cotidiano, esses compostos são muito versáteis, estando presentes em quase tudo o que nos cerca e são necessários para nossa vida como indivíduos e como sociedade. Eles formam nossos corpos e alimentos, a maioria dos medicamentos, cosméticos, produtos de limpeza, combustíveis, embalagens, tecidos e já estão presentes em alguns chips de computador. Portanto, a partir de suas estruturas químicas, é possível compreender as propriedades dos materiais e organismos. Além disso, a química orgânica fornece as ferramentas básicas para perceber melhor o mundo que nos cerca em seus aspectos biológicos, industriais e cotidianos.

Objetivos de aprendizagem

» Descrever a evolução histórica da química orgânica.

» Compreender como e por que os átomos se combinam entre si formando as ligações covalentes e iônicas e, em função do tipo de ligação e de átomos envolvidos, conceituar os compostos orgânicos.

» Compreender os fatores que determinam as estruturas dos compostos orgânicos e como tais fatores afetam as propriedades das moléculas.

» Representar os compostos orgânicos e reconhecer as informações contidas nos diversos tipos de fórmulas estruturais.

>> Histórico

A utilização de reações químicas pela humanidade data da pré-história, quando o homem passou a dominar o fogo. E, considerando que a química envolve todos os processos de transformação da matéria, seu uso cotidiano é tão antigo quanto a própria humanidade. Porém, foi a partir do século XVII, pela prática dos alquimistas, que foram desenvolvidas as raízes da química como ciência.

>> CURIOSIDADE

Os alquimistas foram os responsáveis pela coleta de inúmeros dados empíricos sobre a matéria, pelo estudo de algumas de suas propriedades e pela racionalização destes dados, procurando compreender as leis que regiam os fenômenos observados.

Neste âmbito foi observado que a matéria, segundo suas propriedades, poderia ser organizada em dois grupos: um que compreendia a matéria obtida de fontes inanimadas (compostos inorgânicos) e outro que compreendia a matéria obtida de seres vivos (compostos orgânicos). A seguir constam fatos importantes relacionados às descobertas na área.

- 1777 – Torbern Olof Bergman nomeia o estudo da matéria obtida a partir de seres vivos de química orgânica.
- 1784 – Antoine-Laurent de Lavoisier realiza uma série de experimentos cujos resultados mostram que a matéria orgânica é composta principalmente por átomos de carbono, hidrogênio e oxigênio.
- 1811 a 1831 – Os estudos de Lavoisier são ampliados pelos cientistas J. Liebing, Jons Jacob Berzelius e Jean Baptiste Andre Dumas, os quais elaboram diferentes métodos experimentais que possibilitam o desenvolvimento de técnicas de determinação da composição dos compostos orgânicos.
- 1807 – Jöns Jacob Berzelius propõe que os compostos orgânicos só podem ser sintetizados por um ser vivo, pois sua síntese dependia da "força vital", dando origem a uma corrente filosófica denominada *vitalismo*.
- 1828 – O vitalismo começa a ser questionado quando Friedrich Wohler produz ureia, uma substância orgânica, a partir de cianeto de amônio, uma substância inorgânica. Com o fracasso do vitalismo, surgiu a definição para química orgânica proposta por Friedrich August Kekulé e que perdura até hoje: "química orgânica é o ramo da química que estuda os compostos de carbono".
- 1860 – Com o passar dos anos, importantes estudos contribuem sistematicamente para o desenvolvimento da química orgânica como ciência. Entre eles está a determinação de fórmulas moleculares proposta por Stanislau Canizarro, que representa um grande salto para o conhecimento científico, uma vez que possibilita saber quais e quantos são os átomos que compõem uma substância química.

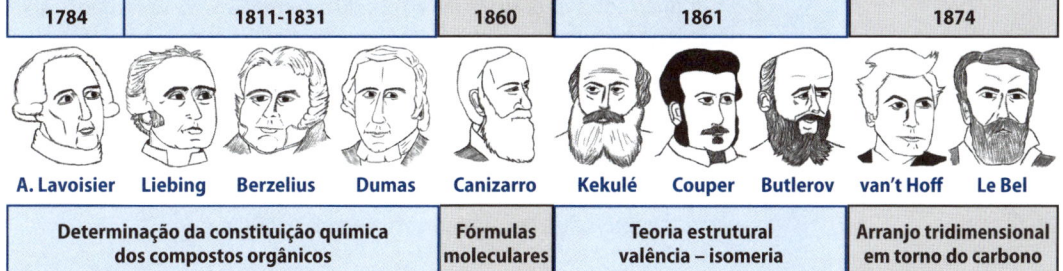

Figura 1.1 Linha do tempo para o desenvolvimento do conhecimento estrutural dos compostos orgânicos.
Ilustração: Cleverson Fernando Garcia.

Porém esse método não se mostrou suficiente, pois uma mesma fórmula molecular poderia estar relacionada a diferentes compostos orgânicos.
- 1861 – A determinação das fórmulas estruturais, idealizada por Friedrich August Kekulé, Archibald Scott Couper e Alexander Mikhaylovich Butlerov, possibilita definir a valência de cada elemento, levando à determinação da conectividade entre os átomos constituintes da molécula. A partir das fórmulas estruturais, é possível diferenciar compostos que apresentam a mesma fórmula molecular, porém estruturas diferentes, criando-se o conceito de isomeria plana ou constitucional.
- 1874 – Jacobus Henricus van't Hoff e Joseph Achille Le Bell, paralelamente, propõem o arranjo espacial dos grupos diretamente ligados ao carbono, permitindo iniciar estudos acerca da tridimensionalidade das moléculas orgânicas.

» Estrutura dos compostos orgânicos

Uma noção inicial da estrutura dos compostos orgânicos pode ser adquirida ao resgatar a teoria estrutural de Friedrich August Kekulé, Archibald Scott Couper e Alexander M. Butlerov (1861). Na época, os modelos de ligações químicas ainda não haviam sido desenvolvidos. Portanto, tomando como base dados de análises elementares, essa teoria estrutural estabeleceu conceitos importantes: valência simples e valência múltipla.

Valência é o número fixo de combinações que um determinado átomo pode realizar. Na época ficou estabelecido que o carbono era tetravalente, o oxigênio divalente, o hidrogênio e os halogênios monovalentes, etc.

Valências múltiplas ocorrem quando os mesmos átomos apresentam mais de uma combinação entre si. Elas podem ser caracterizadas como valência dupla ou tripla.

Desta forma, todo composto orgânico obtido de seres vivos ou sintetizado a partir de matéria inanimada poderia ser representado por sua fórmula molecular e por uma estrutura relacionada às valências dos átomos.

Suponha que os compostos orgânicos etanol e metoximetano sejam comparados. Ambos apresentam a mesma fórmula molecular, C_2H_6O, o que não os diferencia. Ao levar em conta as valências dos átomos de carbono, hidrogênio e de oxigênio, pode-se montar as propostas de estruturas evidenciadas na Figura 1.2.

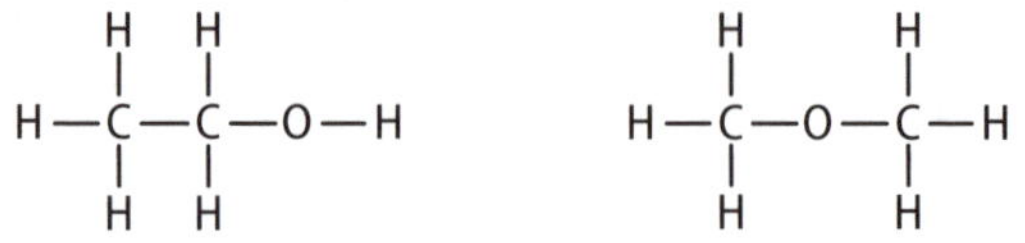

Figura 1.2 Representação estrutural do (a) etanol e do (b) metoximetano com base nas valências dos seus átomos.

Note que mesmo mantendo a tetravalência do carbono, a divalência do oxigênio e a monovalência do hidrogênio, as combinações entre os átomos são distintas.

Por sua vez, as valências múltiplas permitiram entender como compostos orgânicos, como o eteno e o etino, poderiam ser representados. O eteno é uma substância simples com fórmula molecular C_2H_4. Ao empregar valências simples, é impossível representá-lo considerando os carbonos tetravalentes e os hidrogênios monovalentes. O mesmo pode ser dito sobre o etino, de fórmula molecular C_2H_2.

Entretanto, ao utilizar valências múltiplas, verificamos a possibilidade de mais de uma valência entre os dois carbonos nos dois compostos orgânicos (Figura 1.3).

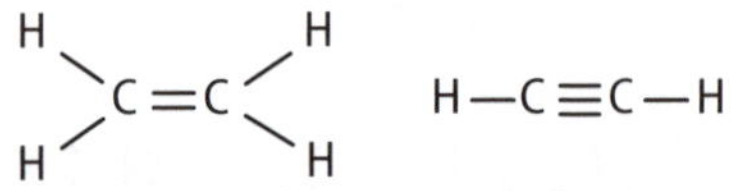

Figura 1.3 Representação estrutural de (a) eteno e (b) etino, considerando a presença de valências múltiplas.

O eteno pode ser representado com seus carbonos tetravalentes, desde que possua uma valência múltipla (dupla) entre ambos. Já o etino apresenta uma valência múltipla (tripla) entre seus carbonos.

Desta forma, a representação de valências simples ou múltiplas se mostrou fundamental para um maior conhecimento do perfil dos compostos orgânicos, inclusive daqueles que compartilham a mesma fórmula molecular.

Ligações químicas

Átomos, elementos e carga formal

Átomos ou elementos químicos são definidos como "a menor estrutura da matéria cujo núcleo não pode ser rompido por processos químicos". Eles são constituídos por um núcleo, que contém prótons (partículas positivas) e nêutrons (partículas neutras), e pela eletrosfera, que contém elétrons (partículas negativas).

A identidade de um átomo é determinada pelo número de prótons em seu núcleo.

No estado fundamental, todos os átomos possuem o mesmo número de prótons e de elétrons, não apresentando carga, pois o número de partículas negativas e positivas se iguala.

Porém, diferentemente dos prótons, em uma reação química os elétrons podem ser removidos ou adicionados à eletrosfera de um átomo. Quando um elétron é removido, há excesso de um próton em relação aos elétrons e, então, o átomo assume uma **carga formal positiva**. Do mesmo modo, se um átomo adquire um elétron, há excesso de uma partícula negativa, caracterizando-o com uma **carga formal negativa**.

Por definição, a carga formal de um átomo é a carga assumida por um elemento que recebe ou perde elétrons em relação ao seu estado fundamental.

Teoria do octeto e formação das ligações químicas

Os elétrons de um átomo não estão distribuídos aleatoriamente em torno do núcleo, mas em um sistema organizado em níveis eletrônicos, subníveis e orbitais atômicos. Um nível ou camada eletrônica pode conter um ou mais subníveis. Os subníveis, por sua vez, são formados por orbitais, e cada orbital pode conter no máximo dois elétrons. A Tabela 1.1 evidencia a relação entre os diferentes tipos de níveis e subníveis com o número máximo de elétrons que podem conter.

A última camada eletrônica com pelo menos um elétron é denominada **camada de valência**, sendo de grande importância, pois seus elétrons são empregados na ligação entre os átomos.

Excluindo-se os gases nobres, os demais elementos da Tabela Periódica, embora neutros em seu estado fundamental, não possuem a camada de valência totalmente preenchida. Para adquirir a estabilidade de um gás nobre, esses elementos precisam combinar-se para preencher completamente a camada de valência. Essa tendência é chamada de Teoria do octeto.

Tabela 1.1 » Níveis, subníveis e número de elétrons

Caracterização numérica dos níveis eletrônicos	Caracterização alfabética dos níveis eletrônicos	Subníveis	Número máximo de elétrons
1	K	s	2
2	L	s, p	8
3	M	s, p, d	18
4	N	s, p, d, f	32
5	O	s, p, d, f	32
6	P	s, p, d	18
7	Q	s, p	8

Subnível	Número de orbitais	Número máximo de elétrons
s	1	2
p	3	6
d	5	10
f	7	14

» CURIOSIDADE

Dentre todos os elementos químicos conhecidos, os gases nobres são os que apresentam maior estabilidade, sendo sua camada de valência preenchida com oito elétrons. Exceção: o gás nobre hélio, com dois elétrons.

» DEFINIÇÃO
Teoria do octeto é a tendência dos átomos reagirem para adquirir a configuração eletrônica de um gás nobre.

Para ter o último nível eletrônico completo, os elementos podem transferir elétrons (ganhar ou perder) ou compartilhá-los. O que determina se a interação entre os elementos se dará por transferência ou compartilhamento é a diferença de eletronegatividade entre eles. De modo geral, elementos de eletronegatividades muito distintas se combinam por transferência de elétrons, enquanto elementos de eletronegatividades semelhantes se combinam pelo compartilhamento de elétrons. Assim, tem-se a formação das ligações iônica e covalente, respectivamente.

Na ligação iônica, o átomo menos eletronegativo transfere elétrons para o mais eletronegativo, adquirindo carga formal positiva e se convertendo em um cátion. O elemento mais eletronegativo recebe os elétrons, assumindo carga formal negativa e se convertendo em um ânion. O número de elétrons transferido é determinado pelo número de elétrons necessário para que cada elemento adquira a configuração de um gás nobre.

Um exemplo clássico de ligação iônica é a formação do fluoreto de lítio. No estado fundamental, o lítio possui um único elétron em sua camada de valência (nível L), logo, ao perdê-lo, terá como camada de valência o nível K, que é totalmente preenchida com dois elétrons (configuração eletrônica do gás nobre hélio). Já o flúor possui 7 elétrons em sua camada de valência (nível L) no estado fundamental. Assim, quando o flúor recebe um elétron do lítio, também passa a ter sua camada de valência totalmente preenchida (configuração eletrônica do gás neônio), formando com o lítio um cátion e um ânion que se atraem: o fluoreto de lítio.

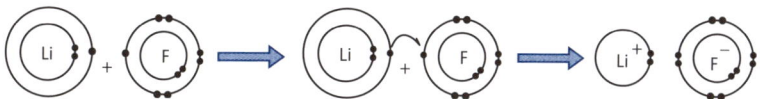

Figura 1.4 Esquema da formação da ligação iônica do fluoreto de lítio.

A ligação covalente, por sua vez, é formada pelo compartilhamento de elétrons entre átomos, podendo ocorrer de duas maneiras: ligação covalente simples e ligação covalente coordenada.

Um exemplo clássico de uma substância com **ligação covalente simples** é a molécula de hidrogênio, composta por dois átomos de hidrogênio. Cada átomo de hidrogênio no estado fundamental apresenta um elétron na camada de valência (nível K). Para que ambos possam apresentar perfil de gás nobre, precisam de mais um elétron. Portanto, compartilham seu elétron, preenchendo totalmente suas camadas de valência.

Figura 1.5 Esquema da formação da ligação covalente simples da molécula de hidrogênio.

A **ligação covalente coordenada** apresenta um padrão de compartilhamento distinto: um átomo deve ter sua camada de valência completa e apresentar pelo menos um par de elétrons não ligante; o outro átomo deve ter sua camada de valência incompleta, demandando dois elétrons.

Devido à ausência de substâncias simples com apenas ligações covalentes coordenadas, um exemplo contendo ligações simples e coordenadas é mostrado: o íon hidrônio. Essa substância apresenta duas ligações coordenadas simples entre o átomo de oxigênio e dois átomos de hidrogênio, preenchendo totalmente as camadas de valência correspondentes.

Um outro átomo de hidrogênio que se apresenta como um cátion, com sua camada de valência (nível K) vazia necessitaria receber dois elétrons para completar sua camada de valência. Assim, o oxigênio compartilha de uma só vez um dos seus pares de elétrons não ligantes com este cátion de hidrogênio, que não contribui com elétrons, passando este par de elétrons a ser compartilhado entre o hidrogênio e o oxigênio. Assim, o último hidrogênio passa a compartilhar dois elétrons e o oxigênio continua com a sua camada de valência totalmente preenchida.

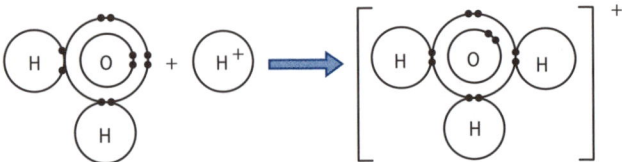

Figura 1.6 Esquema da formação da ligação covalente coordenada do íon hidrônio.

> **» DEFINIÇÃO**
> Os compostos formados por ligações covalentes são denominados compostos moleculares ou, simplesmente, moléculas se forem neutros. Caso apresentem cargas formais, são denominados íons moleculares.

Todo composto orgânico apresenta uma cadeia carbônica na qual a ligação entre os átomos que a constitui é covalente. Mas nem todo composto que apresenta ligações covalentes pode ser classificado como composto orgânico, pois, para tal, deve apresentar pelo menos um átomo de carbono em sua estrutura. Desta forma, pode-se afirmar, por exemplo, que o gás hidrogênio é um composto molecular, mas não um composto orgânico. Há ainda compostos que apresentam cadeia carbônica cujos átomos estão ligados por ligações covalentes, mas possuem porções com ligações iônicas. Estes, porém, não serão tratados neste nível de ensino.

» Hibridização

A estrutura dos compostos orgânicos é frequentemente formada por ligações covalentes. Entretanto, ao empregar o carbono como átomo central de um composto orgânico simples, percebemos que sua tetravalência não é satisfeita, como mostra a distribuição eletrônica a seguir:

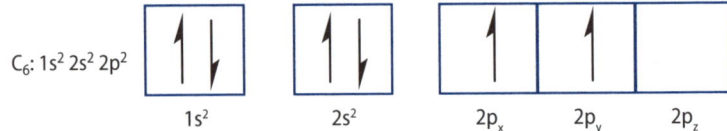

C_6: $1s^2$ $2s^2$ $2p^2$

Figura 1.7 Distribuição eletrônica do átomo de carbono no estado fundamental.

> **» IMPORTANTE**
> A representação espacial do processo de hibridação e o perfil dos orbitais hibridizados formados estão disponíveis no ambiente virtual de aprendizagem Tekne.

Conforme verificamos, os quatro elétrons da camada de valência do carbono (nível L) se encontram nos orbitais s, p_x e p_y, com os orbitais p semipreenchidos, ou seja, com apenas um elétron. Esta condição permitiria que o carbono fizesse apenas duas ligações covalentes simples com outros átomos (divalência).

Então, **o que justifica a tetravalência do carbono**? A resposta está relacionada a um efeito denominado **hibridização**. Suas bases teóricas não serão descritas aqui, pois exigem conhecimentos não aprofundados nos cursos técnicos de química.

Para que o carbono possa realizar quatro ligações, inicialmente é necessário que um elétron do orbital 2s seja transferido para o orbital p vazio (estado excitado).

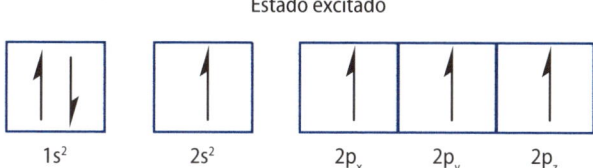

Figura 1.8 Distribuição eletrônica do carbono no estado excitado.

Em seguida, o orbital s e parte ou todos os orbitais p hibridizam (estado hibridizado), passando a ter propriedades idênticas. Os diferentes tipos de hibridização do carbono são apresentados e discutidos a seguir com aprofundamento suficiente para a construção das estruturas dos compostos orgânicos.

A primeira forma de hibridização do carbono é conhecida como **sp³** e é facilmente identificada por corresponder aos carbonos que fazem quatro ligações covalentes simples. Nela, os orbitais s, p_x, p_y e p_z do estado excitado hibridizam e quatro novos orbitais são gerados. Cada um passa a ser denominado orbital sp³, como resultado da hibridização entre um orbital s e três orbitais p.

Figura 1.9 Distribuição eletrônica do estado hibridizado do carbono sp³.

O metano é um exemplo clássico de molécula com carbono sp³. Como os quatro orbitais hibridizados apresentam as mesmas propriedades, o carbono realiza quatro ligações covalentes simples, denominadas *ligações sigma* (σ).

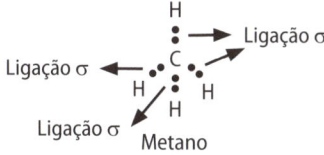

Antes de apresentar os demais tipos de hibridização do carbono é importante destacar que além das ligações σ, os compostos orgânicos podem apresentar ligações π, formadas entre orbitais p 'puros'. Para tanto, o processo de hibridização deve manter pelo menos um orbital p 'puro' semipreenchido intacto.

A segunda forma de hibridização do carbono é conhecida como **sp²** e é facilmente identificada nos carbonos que apresentam entre suas ligações covalentes uma ligação múltipla (dupla), composta por uma ligação σ e uma ligação π.

Na forma de hibridização sp², apenas os orbitais s, p_x e p_y hibridizam, formando três novos orbitais denominados sp². O orbital p_z, por sua vez, é mantido intacto e seu elétron é empregado na formação da ligação π com outro átomo.

>> **DEFINIÇÃO**
A ligação σ do carbono é aquela que envolve a sobreposição de seus orbitais hibridizados. Já a ligação π, envolve a sobreposição de orbitais 'p' puros.

Figura 1.10 Distribuição eletrônica do estado hibridizado do carbono sp^2.

O eteno é uma molécula com dois carbonos sp^2. Cada carbono realiza três ligações σ, associadas aos orbitais sp^2, e uma ligação π, relacionada ao orbital p 'puro'.

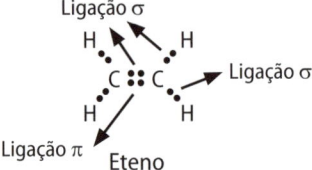

A última forma de hibridização do carbono é conhecida como **sp**, e é facilmente reconhecida nos carbonos que apresentam, entre suas ligações covalentes, uma ligação múltipla (tripla), composta por uma ligação σ e duas ligações π, ou duas ligações múltiplas (duplas). Na forma de hibridização sp, os orbitais s e p_x da camada de valência hibridizam e dois novos orbitais são gerados (estado hibridizado), denominados sp e seus elétrons são empregados na formação de ligações σ com outros átomos. Por sua vez, os elétrons dos dois orbitais p 'puros', p_y e p_z, são utilizados para formar duas ligações π.

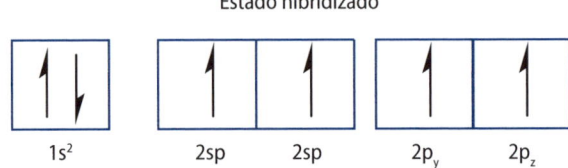

Figura 1.11 Distribuição eletrônica do estado hibridizado do carbono sp.

O etino é uma molécula com dois carbonos sp. Cada carbono realiza duas ligações σ, associadas aos orbitais sp, e duas ligações π, relacionadas aos orbitais p 'puros'.

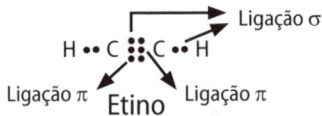

❯❯ Geometria e polaridade das moléculas

A fim de compreender as propriedades dos compostos orgânicos (como solubilidade, mudanças de estado físico, entre outras), é necessário conhecer suas características estruturais, como geometria molecular, polaridade das ligações e suas consequências na polarização das moléculas e nas interações intermoleculares.

›› Geometria molecular

Depois de aprender como elaborar as estruturas químicas dos compostos orgânicos, tendo em vista suas valências e tipos de ligações químicas, é necessário compreender como os átomos se arranjam no espaço para determinar a geometria molecular. Para tanto, é utilizada a **teoria da repulsão dos pares de elétrons da camada de valência**, do inglês *Valence Shell Electron Pair Repulsion* (VSPER), em que utiliza-se apenas os pares de elétrons da camada de valência para determinar a geometria. Na teoria da repulsão dos pares de elétrons da camada de valência (RPENV), por possuírem cargas negativas, os pares de elétrons se repelem, definindo a geometria da molécula.

Para facilitar a compreensão da geometria das moléculas orgânicas, devem ser considerados:

- o número de átomos ligados,
- a existência de um átomo central,
- a influência dos pares não ligantes.

A molécula de hidrogênio tem seus átomos ligados por um par de elétrons ligantes. Logo, concluímos que sua geometria é linear.

$$H \cdot\cdot H$$

Na molécula de ácido clorídrico, os átomos estão unidos por um par ligante. Como apenas os pares ligantes são utilizados para descrever a geometria molecular, sua geometria é linear. Os três pares não ligantes pertencentes ao átomo de cloro ficam fora do plano da ligação.

$$H \cdot\cdot \ddot{\underset{\cdot\cdot}{Cl}}\!:$$

A molécula de oxigênio tem seus átomos unidos por uma ligação dupla enquanto a molécula de nitrogênio apresenta uma ligação tripla. Do ponto de vista da teoria RPENV, a ligação dupla ou a ligação tripla são agrupadas em um único conjunto que se localiza entre os átomos por elas unidos, logo, a geometria de ambas é linear.

$$:\!\ddot{O}::\ddot{O}\!: \qquad :N\!:\!:\!:N:$$

A molécula de água tem seus dois átomos de hidrogênio ligados ao átomo central de oxigênio. Poderíamos esperar ângulos de ligação vinculados a uma geometria tetraédrica (109,5°), com os hidrogênios distribuídos em dois dos vértices. Entretanto, apesar de os pares de elétrons não ligantes serem desconsiderados na geometria molecular, seu efeito eletrônico deve ser levado em conta. A repulsão entre os pares de elétrons não ligantes do oxigênio, mais volumosos, força as duas ligações covalentes simples a se aproximar (104,5°), gerando uma geometria angular.

$$\overset{..}{\underset{..}{O}}$$
H : : H

Na molécula de amônia, os átomos de hidrogênio estão ligados ao átomo central de nitrogênio que apresenta um par de elétrons não ligante capaz de repelir com maior intensidade os elétrons ligantes próximos. Dessa forma, a amônia apresenta geometria de pirâmide trigonal, com ângulo entre as ligações igual a 107°. Este ângulo é menor que o esperado para uma geometria tetraédrica (109,5°), porém maior do que o ângulo observado entre as ligações da molécula de água (104,5°). Tal comportamento se deve à presença de apenas um par de elétrons não ligantes no nitrogênio, responsável por uma repulsão menos intensa quando comparado aos dois pares de elétrons não ligantes do oxigênio.

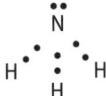

A seguir, observamos a molécula de metano. Como o carbono não tem pares de elétrons não ligantes, os quatro átomos de hidrogênio estão ligados por meio de ligações covalentes simples ao átomo central de carbono, resultando em uma geometria molecular tetraédrica (109,5°).

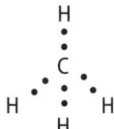

Os dois exemplos a seguir correspondem a moléculas simples, cujo átomo central pode se estabilizar sem apresentar configuração de gás nobre: o hidreto de berílio e o hidreto de boro. O berílio e o boro são átomos que se estabilizam com quatro e com seis elétrons na camada de valência, respectivamente.

O hidreto de berílio tem seu átomo central ligado a dois átomos de hidrogênio, sem pares de elétrons não ligantes. Dessa forma, a geometria molecular que confere ao composto a menor repulsão possível entre as ligações covalentes simples é a geometria linear (180°).

H •• Be •• H

No hidreto de boro, o átomo central está ligado a três átomos de hidrogênio, sem pares de elétrons não ligantes. Assim, a geometria molecular que confere ao composto a menor repulsão possível entre as ligações covalentes simples é a geometria trigonal planar (120°).

H •• B :: H
        H

As moléculas com ligações covalentes múltiplas também podem ser avaliadas de acordo com a teoria RPENV. Por exemplo, para descrever a geometria do gás carbônico (CO_2), devemos inicialmente observar o número de átomos de oxigênio ligados ao carbono (átomo central). Apesar de os átomos de oxigênio possuírem pares de elétrons não ligantes, o átomo de carbono não apresenta pares de elétrons não ligantes, uma vez que preencha sua camada de valência ao formar duas ligações covalentes duplas com os dois átomos de oxigênio. Assim, a geometria molecular que apresenta maior repulsão entre as ligações covalentes é a linear.

$$:\!\ddot{O}::C::\ddot{O}\!:$$

Por sua vez, o metanal (H_2CO) apresenta três átomos ligados ao carbono (átomo central), sendo um oxigênio ligado por meio de uma ligação covalente dupla e dois átomos de hidrogênio ligados por meio de duas ligações covalentes simples. Como o carbono não tem pares de elétrons não ligantes, a geometria que apresenta a menor repulsão entre as ligações covalentes é trigonal planar.

>> **IMPORTANTE**
De modo geral, com base nos comportamentos evidenciados, é possível descrever a geometria de qualquer molécula simples. Para tanto, basta observar o número de átomos ligados ao átomo central e a presença de pares de elétrons ligantes no átomo central.

Após essa discussão, podemos relacionar a hibridização do carbono com a geometria que será assumida em torno deste (Tabela 1.2).

Tabela 1.2 >> Hibridização do carbono

Hibridização do carbono	Geometria	Ângulo entre as ligações	Exemplo
sp^3	Tetraédrica	109,5°	CH_4
sp^2	Trigonal plana	120°	$H_2C=CH_2$
sp	Linear	180°	$H-C\equiv C-H$

No caso dos compostos orgânicos mais complexos, a geometria não é avaliada para a molécula como um todo, mas sim em torno de cada átomo que a forma. Para descrever a geometria destes átomos, basta verificar o número de átomos ou grupos ao seu redor, por exemplo:

O carbono 1 possui três átomos ligados (C, H e O) e geometria trigonal planar. O carbono 2 possui quatro átomos ligados (C, C, H e H) e geometria tetraédrica. Por fim, o carbono 3, por possuir dois átomos ligados a ele, tem geometria linear.

» Polaridade das ligações

Como já observado, uma ligação covalente é formada pelo compartilhamento de um par de elétrons entre dois átomos. E, dependendo da diferença de eletronegatividade entre os átomos envolvidos, a ligação covalente pode ser afetada, gerando dipolos momentâneos.

Para compreender a questão da polaridade das ligações, devemos considerar o seguinte: átomos com a mesma eletronegatividade atraem igualmente os elétrons da ligação, não havendo a polarização desta e nem a formação de dipolos, como ocorre com a molécula de hidrogênio.

$$H \bullet\bullet H$$

» CURIOSIDADE

O vetor que indica a polarização da ligação também pode ser representado no sentido inverso (de acordo com a IUPAC) desde que, na mesma molécula, siga-se o mesmo padrão em todas as ligações.

Entretanto, quando os átomos apresentam eletronegatividades diferentes, ocorre polarização da ligação covalente e formação de um polo parcialmente positivo ($\delta+$) sobre o átomo menos eletronegativo e de outro polo parcialmente negativo ($\delta-$) sobre o átomo mais eletronegativo, conforme observado na molécula de ácido clorídrico.

$$\overset{\delta^+}{H} \overset{\delta^-}{:Cl}$$

A polaridade da ligação é caracterizada por uma grandeza física denominada momento de dipolo (μ) que pode ser representada sobre a molécula por meio de um vetor orientado do átomo menos eletronegativo para o átomo mais eletronegativo, como observado na ligação covalente do ácido clorídrico.

$$\overrightarrow{H \quad :Cl}$$

» **DEFINIÇÃO**
Se μ_R for diferente de zero, diz-se que a molécula é **polar**, o que é comprovado experimentalmente pela sensibilização das moléculas frente a um campo elétrico. Caso contrário ($\mu_R = 0$), a molécula é classificada como **apolar**, insensível à influência do campo elétrico externo.

» Polaridade das moléculas

Ao abordar a polaridade das ligações covalentes, verificamos que cada ligação covalente polar apresenta um vetor de momento de dipolo. Imagine uma molécula com mais de uma ligação covalente: o que podemos afirmar sobre sua polaridade? A resposta é simples: basta obter o momento de dipolo resultante (μ_R) da soma dos vetores de momento de dipolo individuais.

De modo geral, as moléculas formadas por átomos idênticos apresentarão vetores de momento de dipolo nulos. Como consequência, sua soma será igual a zero, comprovando sua condição apolar.

$$H : H \quad \mu_R = 0$$
$$:\!O :: O\!: \quad \mu_R = 0$$

Já moléculas com átomos de elementos diferentes podem ser polares ou apolares, o que é definido pela soma dos vetores de momento de dipolo. Por exemplo, o dióxido de carbono (CO_2) é uma molécula formada por carbono e dois oxigênios. A primeira impressão sugere que seja polar, devido à grande diferença de eletronegatividade entre seus átomos. Entretanto, como possui geometria linear, os dois vetores de momento de dipolo das duas ligações covalentes duplas se anulam ($\mu_R = 0$).

$$\overleftarrow{:\!O ::} \overrightarrow{C :: O\!:} \quad \mu_R = 0$$

O hidreto de boro é outro exemplo de molécula apolar constituída por átomos diferentes, pois, como apresenta geometria trigonal plana, a soma dos três vetores de momento de dipolo é igual a zero.

$$\begin{array}{c} H \\ \searrow \\ B\!-\!H \\ \nearrow \\ H \end{array} \quad \mu_R = 0$$

Por fim, moléculas com diferentes átomos podem apresentar seu átomo central com pares de elétrons não ligantes. Neste caso, devemos considerar a repulsão promovida por esses pares, definindo a geometria da molécula.

A água é uma molécula polar, pois apresenta duas ligações covalentes polares entre o oxigênio e os hidrogênios e dois pares de elétrons não ligantes, com seus vetores de momento de dipolo correspondentes. Como observamos a seguir, a soma dos vetores da molécula de água, de geometria angular, não é igual a zero ($\mu_R \neq 0$), o que comprova sua característica polar.

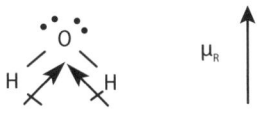

>> CURIOSIDADE

Em níveis de ensino superior, são atribuídos vetores aos pares de elétrons não ligantes, para a determinação da resultante.

>> Resumo da geometria e polaridade moleculares

A Tabela 1.3 tem como objetivo facilitar a compreensão das implicações do número de átomos ligados, bem como da presença ou não de pares de elétrons não ligantes nas geometrias moleculares e, consequentemente, das polaridades das moléculas.

Tabela 1.3 >> Geometria e polaridade moleculares

Molécula	Número de átomos (ou grupos) ligados ao átomo central	Quantidade de pares de elétrons não ligantes no átomo central	Ângulo entre as ligações covalentes	Geometria molecular	Polaridade da molécula
H–H, O=O	–	–	–	Linear	Apolar
H–Cl	–	–	–	Linear	Polar
H₂O	2	2	104,5°	Angular	Polar
H–Be–H	2	0	180°	Linear	Apolar
NH₃	3	1	107°	Pirâmide trigonal	Polar
BH₃	3	0	120°	Trigonal Planar	Apolar
CH₄	4	0	109,5°	Tetraédrica	Apolar

》 Representações estruturais

Os compostos orgânicos podem ser representados de diferentes maneiras, cada uma com suas vantagens e limitações. Tais representações são denominadas fórmulas estruturais. Entre as mais usuais, estão as fórmulas estruturais de pontos, traços, condensada e de linha de ligação, abordadas a seguir. No Capítulo 3 será apresentada a fórmula estrutural de cunha-cunha, tracejada-linha (tridimensional), apropriada para os estudos de estereoquímica.

》 Fórmula estrutural de pontos

A fórmula estrutural de pontos é muito importante para os estudos iniciais de construção de moléculas. Como grande parte dos compostos orgânicos é formada por átomos de carbono, oxigênio ou nitrogênio, ligações covalentes são realizadas para que suas camadas de valência adquiram distribuição eletrônica de gás nobre (teoria do octeto). Dessa forma, a fórmula estrutural de pontos permite ao estudante iniciante conferir facilmente a contabilidade dos elétrons de valência.

》 IMPORTANTE
Átomos de hidrogênio são muito comuns em compostos orgânicos, nesse caso uma ligação covalente é realizada para que a camada de valência do hidrogênio apresente 2 elétrons.

A utilidade das fórmulas estruturais de pontos é constatada na construção da N,N-dimetilmetanamina, uma das substâncias de odor desagradável liberadas durante o apodrecimento da carne de peixes.

$$\begin{array}{ccc} H & & H \\ \ddot{} & & \ddot{} \\ H : \underset{\ddot{}}{C} : \underset{\ddot{}}{N} : \underset{\ddot{}}{C} : H \\ H & \vdots & H \\ & H : C : H & \\ & \ddot{} & \\ & H & \end{array}$$

Note que, devido às ligações covalentes, cada um dos 3 carbonos apresenta 8 elétrons na camada de valência. O mesmo vale para o nitrogênio, sendo que 2 dos elétrons correspondem a um par não compartilhado. Ao final, os 9 hidrogênios apresentam 2 elétrons em suas camadas de valência. Essas observações são facilitadas pela forma como a N,N-dimetilmetanamina é representada. Com o passar do tempo e ganho de experiência, é possível chegar às mesmas conclusões empregando as demais fórmulas estruturais.

Um exemplo de erro comum de construção de estruturas de compostos orgânicos é apresentado a seguir. Note que o etanol, substância empregada como combustível renovável, apresenta um oxigênio com apenas 4 elétrons na camada de valência, mesmo após a realização das ligações covalentes.

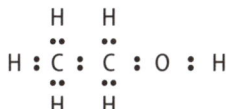

O octeto não foi preenchido, pois os outros 4 elétrons correspondem a 2 pares de elétrons não ligantes, não desenhados. A representação correta da estrutura de pontos do etanol é evidenciada a seguir, na qual existem dois pares de elétrons não ligantes sobre o oxigênio, completando o octeto deste átomo, de modo que a última camada eletrônica fique totalmente preenchida.

$$H:\overset{\overset{H}{..}}{\underset{\underset{H}{..}}{C}}:\overset{\overset{H}{..}}{\underset{\underset{H}{..}}{C}}:\overset{..}{\underset{..}{O}}:H$$

Para saber se um átomo apresenta carga positiva ou negativa, basta verificar quantos elétrons ele contém, desconsiderando o compartilhamento via ligação covalente, ou seja, contabilizando apenas um dos elétrons emparelhados em cada ligação. Se o valor for igual ao número de elétrons da camada de valência no estado fundamental, o átomo é neutro. Se o valor for maior, o átomo é negativo (ânion). Sendo menor, o átomo será positivo (cátion).

No caso do ânion etanoato, o oxigênio associado à ligação dupla contém 6 elétrons, enquanto o oxigênio associado à ligação simples contém 7 elétrons. Como o número de elétrons do oxigênio na camada de valência no estado fundamental é igual a 6, o átomo associado à ligação simples apresenta uma carga negativa.

> **DICA**
> Para facilitar a conferência de cada átomo, use a Tabela Periódica. Como o valor de referência está associado ao estado fundamental dos átomos, o número de elétrons será igual ao número atômico.

» Fórmula estrutural de traços

A fórmula estrutural de traços é uma representação mais prática do que a fórmula estrutural de pontos, pois considera o par de elétrons de cada ligação covalente como um traço. A representação dos elétrons não ligantes, por sua vez, deve ser mantida. Assim, a construção de moléculas maiores dispensa a indicação de cada um dos elétrons que compõe o numeroso conjunto de ligações covalentes.

Por exemplo, o metoximetano é facilmente representado pela fórmula estrutural de traços.

$$H-\overset{\overset{H}{|}}{\underset{\underset{H}{|}}{C}}-\overset{..}{\underset{..}{O}}-\overset{\overset{H}{|}}{\underset{\underset{H}{|}}{C}}-H$$

Com um pouco de experiência, é possível elaborar moléculas mais complexas e conferir os elétrons em relação ao limite de compartilhamento e à presença de cargas nos átomos.

❯❯ Fórmula estrutural condensada

A fórmula estrutural condensada é muito utilizada na representação de compostos orgânicos de cadeias não cíclicas. Sua elaboração é rápida, pois não evidencia as ligações covalentes e os pares de elétrons não ligantes. Por outro lado, ela exige do estudante um maior conhecimento da distribuição eletrônica dos átomos, uma vez que não fornece informações diretas para a conferência dos elétrons em relação ao limite de compartilhamento e à presença de cargas nos átomos.

O butano, um dos principais componentes do gás liquefeito de petróleo (GLP), pode ser representado como $CH_3CH_2CH_2CH_3$. Essa estrutura indica que o primeiro carbono está ligado a 3 hidrogênios e ao segundo carbono. Este apresenta ligação com outros 2 hidrogênios, e ao primeiro e ao terceiro carbonos. Por sua vez, o terceiro carbono está ligado a 2 hidrogênios, e ao segundo e ao último carbono. O último carbono se liga a 3 hidrogênios e ao terceiro carbono.

Quando grupos de átomos estão ligados aos carbonos intermediários da estrutura, é comum indicá-los entre parênteses, como no caso do propan-2-ol, solvente empregado na limpeza de determinados materiais eletrônicos: $CH_3CH(OH)CH_3$. Note que o segundo carbono está ligado ao primeiro e ao terceiro carbonos, a um hidrogênio e a um grupo OH.

Na forma condensada é possível representar uma única vez grupos idênticos ligados no mesmo átomo da cadeia. Para tanto, os grupos são indicados entre parênteses e um índice subscrito evidencia quantas repetições estão associadas. O mesmo pode ser feito para átomos idênticos, mas sem a necessidade dos parênteses. Essas regras são exemplificadas no ácido esteárico, um dos principais produtos da hidrólise de gorduras animais: $CH_3(CH_2)_{16}CO_2H$

❯❯ Fórmula estrutural de linha de ligação

A fórmula estrutural de linha de ligação é uma ferramenta muito útil na elaboração de estruturas de compostos orgânicos, conforme observado em diversos livros de química orgânica clássica ou de áreas afins.

Entretanto, é a representação que mais exige conhecimento por parte dos estudantes, pois, para tornar sua construção rápida e objetiva, ela não exige a representação de determinados átomos.

Os carbonos, abundantes nos compostos orgânicos, são representados pelos vértices de uma ligação covalente, sendo desnecessário utilizar o símbolo "C". Já os hidrogênios ligados diretamente aos carbonos não são evidenciados nas estruturas. Sua presença é subentendida devido à tetravalência do carbono.

Observe a molécula de propano, outro constituinte importante do gás natural.

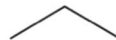

Sua estrutura é composta por 3 carbonos (3 vértices) e por 8 hidrogênios. Estes podem ser contabilizados da seguinte forma: o primeiro carbono faz uma ligação covalente com o segundo, logo, as outras 3 ligações covalentes devem estar associadas a 3 hidrogênios. O segundo carbono realiza duas ligações covalentes com os carbonos vizinhos, logo, as outras duas ligações covalentes não representadas devem estar vinculadas a 2 hidrogênios. O terceiro carbono apresenta o mesmo comportamento do primeiro.

Quando o composto apresenta átomos diferentes de carbono ou hidrogênio, suas representações são realizadas com os respectivos símbolos da Tabela Periódica e com os pares de elétrons não ligantes, caso existam. Além disso, quando os hidrogênios estão ligados diretamente a átomos diferentes de carbono, sua representação se torna obrigatória.

A fórmula estrutural de linha de ligação do ácido butanoico (uma das principais substâncias relacionadas ao odor do leite rançoso) é mostrada a seguir.

Conforme observado, os dois átomos de oxigênio presentes no ácido butanoico devem ser representados com os pares de elétrons não ligantes e o hidrogênio ligado ao oxigênio que apresenta ligação simples. Como esperado, os hidrogênios ligados aos carbonos não são representados e os carbonos são indicados pelos vértices de suas ligações covalentes.

Apesar das vantagens, da praticidade e da rapidez da construção, as estruturas de linha de ligação exigem maior atenção por parte do estudante, pois deixam menos evidente as informações necessárias para a conferência dos elétrons em relação ao limite de compartilhamento e à presença de cargas nos átomos.

» Resumo das fórmulas estruturais

Para permitir uma consulta rápida às fórmulas estruturais estudadas neste capítulo, veja a seguir as representações do etanoato de butila, um dos constituintes dos esmaltes de unha.

Tabela 1.4 » Representação do acetato de butila

Fórmula	Representação
Estrutura de pontos	(estrutura de Lewis do acetato de butila)
Traços	(fórmula estrutural com traços)
Condensada	$CH_3CO_2(CH_2)_3CH_3$
Linha de ligação	(fórmula em linha de ligação)

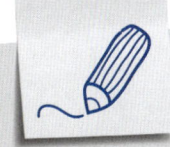

» Agora é a sua vez!

Histórico

1. Quais foram os três avanços científicos que marcaram o desenvolvimento do conhecimento sobre as estruturas dos compostos orgânicos?
2. Como os alquimistas contribuíram para o desenvolvimento da Química Orgânica?
3. A Química Orgânica como ciência concebeu duas definições para os compostos orgânicos: uma fundamentada no vitalismo e a outra que é aceita até hoje. Quais são essas definições? Qual é o princípio no qual cada uma se baseia?

(Continua)

Agora é a sua vez! *(Continuação)*

Estrutura dos compostos orgânicos

4. Alcanos constituem uma classe de compostos orgânicos cujas moléculas são formadas por carbonos e hidrogênios. Eles apresentam variadas aplicações industriais, entre elas: compor diversos combustíveis (gás natural, gás liquefeito de petróleo, gasolina, etc.), proteger a superfície de folhas de plantas, etc. Utilizando o conceito de valência, proponha como os átomos dos alcanos a seguir estão combinados entre si: a) C_2H_6; b) C_3H_8; c) C_4H_{10}.

5. Alcoóis são compostos orgânicos formados por carbonos, hidrogênios e oxigênio, sendo que o último se encontra obrigatoriamente combinado a um hidrogênio e a um carbono. Eles são substâncias de grande aplicação industrial, da limpeza de equipamentos e uso como solventes e combustíveis à composição de determinadas bebidas, e servem de precursores para a síntese de outras substâncias. Tendo em vista suas características, proponha como os átomos dos alcoóis a seguir estão combinados entre si: a) C_2H_6O; b) C_3H_8O; c) $C_4H_{10}O$.

6. Ácidos carboxílicos são compostos orgânicos formados por carbonos, hidrogênios e oxigênios, sendo que um dos carbonos se combina obrigatoriamente com dois oxigênios e um dos oxigênios se combina obrigatoriamente com um carbono e um hidrogênio. Os ácidos carboxílicos são muito importantes, pois seu acúmulo em determinados alimentos está relacionado a processos naturais de degradação, além de servirem como precursores para a formação de óleos e gorduras de armazenamento de energia, entre outras aplicações. Considerando as características citadas, proponha como os átomos dos ácidos carboxílicos a seguir são combinados entre si: a) $C_2H_4O_2$; b) $C_3H_6O_2$; c) $C_4H_8O_2$.

Ligações químicas

7. Observe as substâncias a seguir:
   a) KCl
   b) MgO
   c) Cl_2
   d) NH_3

   Faça a representação das camadas eletrônicas de cada átomo e mostre para cada composto se ele é formado por ligações covalentes ou iônicas.

8. O íon amônio é formado por um nitrogênio e quatro hidrogênios. Represente os níveis eletrônicos do íon e justifique se é um cátion ou um ânion.

9. Pode-se, por meio de condições altamente específicas, transformar o metano (CH_4) em um ânion com fórmula molecular CH_3. Mostre a representação correspondente dos níveis eletrônicos e localize a carga formal no átomo que a contém.

Agora é a sua vez!

10. A água é uma das substâncias mais importantes do nosso planeta, sendo essencial para os seres vivos. Reflita um pouco sobre suas propriedades:
    a) Que tipo de ligação química a compõe?
    b) Pode ser definida como uma molécula?
    c) É um composto orgânico?

11. De modo geral, pode-se afirmar que
    a) todo composto molecular é um composto orgânico? Justifique.
    b) todo composto orgânico é uma molécula? Justifique.

12. Todo elemento que possuir o **octeto completo** terá **carga formal** igual a zero? Justifique definindo os dois termos em negrito e relacionando-os.

Hibridização

13. Utilize os resultados das questões 4, 5 e 6 para avaliar o tipo de hibridização de cada carbono que compõe as moléculas citadas.

14. O carbono é tetravalente, ou seja, é capaz de realizar quatro ligações covalentes.
    a) Demonstre a valência do carbono por meio da distribuição eletrônica.
    b) No que diz respeito ao tipo de ligação covalente formada, este elemento pode apresentar uma grande variedade de ligações (simples, duplas e triplas). Como isto é possível?
    c) Com base nos ângulos máximos de separação entre as ligações σ, proponha a geometria vinculada a cada tipo de hibridização de carbono.

15. Identifique o tipo de hibridização de cada carbono das moléculas a seguir:
    a) CO_2
    b) HCO_2H
    c) C_3H_4
    d) C_3H_6
    e) C_3H_9N

Geometria e polaridade

16. O dióxido de carbono em estado líquido pode ser empregado como um fluído supercrítico para a extração de determinados compostos orgânicos, com a grande vantagem de não apresentar resíduos indesejados. Considerando suas propriedades, que perfil de compostos orgânicos (polares ou apolares) poderia ser extraído? Dica: Compostos de mesma polaridade se solubilizam.

(Continua)

Agora é a sua vez! (Continuação)

17. A água é um solvente útil para a extração de hidrocarbonetos (compostos orgânicos formados apenas por hidrogênio e carbono)? Justifique.

18. Quem apresenta maior polaridade, o triclorometano ($CHCl_3$) ou o tetraclorometano (CCl_4)? Justifique.

19. O almoxarifado de reagentes é o local no qual as substâncias químicas são armazenadas nos laboratórios de ensino, pesquisa e industriais. Nestes locais os reagentes devem ser organizados seguindo uma lógica bem estabelecida. Imagine que você trabalha em um laboratório e foi incumbido de organizar o almoxarifado de reagentes e, para tanto, os reagentes inorgânicos devem ser separados dos reagentes orgânicos. Em qual grupo você colocaria cada uma das substâncias a seguir? Haveria alguma substância que poderia ser colocada em qualquer um dos dois grupos?

    a) HCl
    b) $NaOH$
    c) $CaCO_3$
    d) H_2S
    e) BF_3
    f) CH_3OH
    g) CH_3COOH

Representações estruturais

20. Desenhe as moléculas a seguir empregando a fórmula estrutural de pontos, traços e linha de ligação.

    a) $CH_3CO_2CH_3$
    b) CH_3CONH_2
    c) $CH_3CH_2CO_2H$
    d) H_2CCHCH_3
    e) $HCCCH_3$
    f) $CH_3CH_2CH_2SH$

» **NO SITE**
As respostas dos exercícios estão disponíveis no ambiente virtual de aprendizagem Tekne.

capítulo 2

Classificação e nomenclatura dos compostos orgânicos

Uma característica peculiar do carbono é a capacidade de se ligar em sequências variadas e formar cadeias. Além disso, átomos como hidrogênio, oxigênio, nitrogênio, enxofre, fósforo, entre outros, podem se ligar à cadeia carbônica buscando completar suas respectivas valências. As inúmeras combinações possibilitam a existência de uma grande variedade de compostos orgânicos.

Para estudar estes compostos, inicialmente é necessário entender algumas características do carbono e de suas cadeias para, então, agrupá-los em classes, tendo em vista seu perfil estrutural.

Objetivos de aprendizagem

» Classificar os carbonos e os tipos de cadeia que formam os compostos orgânicos.

» Identificar as funções orgânicas reconhecendo os grupos funcionais nos diversos padrões estruturais das moléculas.

» Atribuir a denominação apropriada para os compostos orgânicos seguindo as regras de nomenclatura da IUPAC (International Union of Pure and Applied Chemistry), observando a importância deste conhecimento para o profissional de Química.

Classificação dos carbonos

Classificação dos carbonos quanto ao número de átomos de carbonos diretamente ligados

- **Carbono metílico**: carbono que não está diretamente ligado a outro átomo de carbono;
- **Carbono primário**: carbono diretamente ligado a outro átomo de carbono;
- **Carbono secundário**: carbono diretamente ligado a outros dois átomos de carbono;
- **Carbono terciário**: carbono diretamente ligado a outros três átomos de carbono;
- **Carbono quaternário**: carbono diretamente ligado a outros quatro átomos de carbono.

> **DICA**
> Alguns autores classificam o carbono metílico como nulário.

Como exemplo, na molécula a seguir, cada carbono foi classificado de acordo com a regra proposta. Os carbonos primários são simbolizados com o número 1, os secundários, com 2, os terciários, com 3, os quaternários, com 4, e o carbono metílico está simbolizado com a letra "m".

$$\overset{m}{CH_3}-O-\overset{1}{CH_2}-\underset{\underset{3}{|}}{\overset{\overset{1}{CH_3}}{C}H}-\overset{2}{CH_2}-\underset{\underset{\underset{1}{CH_3}}{|}}{\overset{\overset{1}{CH_3}}{\underset{}{C}}}\overset{1}{\overset{|4|}{-}}\overset{1}{CH_3}$$

Classificação dos carbonos quanto ao tipo de ligação covalente que possuem

- **Saturado**: carbono que apresenta apenas ligações simples;
- **Insaturado**: carbono que apresenta uma ligação dupla, uma ligação tripla ou duas ligações duplas.

No exemplo a seguir, percebe-se que a molécula tem três carbonos saturados, simbolizados com a letra "s", e quatro carbonos insaturados, simbolizados com a letra "i".

$$\overset{s}{CH_3}-\overset{s}{CH_2}-\overset{i}{CH}=\overset{i}{CH}-\overset{s}{CH_2}-\overset{i}{C}\equiv\overset{i}{CH}$$

Classificação das cadeias carbônicas

Classificação quanto à presença de heteroátomos

Heteroátomos são átomos diferentes de carbono, que obrigatoriamente se encontram diretamente ligados a dois ou mais átomos de carbono. Assim, tem-se:

- **Cadeias homogêneas**: cadeias sem heteroátomos;
- **Cadeias heterogêneas**: cadeias que apresentam pelo menos um heteroátomo.

O átomo de oxigênio presente na molécula do etoxietano é um heteroátomo, pois está entre dois carbonos. Já o oxigênio do álcool butan-1-ol está ligado a apenas um carbono, logo, não se classifica como heteroátomo. Portanto, o etoxietano apresenta cadeia heterogênea, enquanto o butan-1-ol apresenta cadeia homogênea.

Etoxietano

Butan-1-ol

Classificação quanto à presença de insaturação na cadeia

- **Cadeia saturada**: apresenta apenas ligações simples entre carbonos;
- **Cadeia insaturada**: apresenta pelo menos uma ligação dupla ou tripla entre carbonos.

Note que, apesar de as moléculas de but-2-en-1-ol e de butanal apresentarem carbonos insaturados, apenas a cadeia do but-2-en-1-ol é classificada como insaturada. Isso ocorre porque o butanal não apresenta ligação dupla ou tripla entre carbonos, então sua cadeia é classificada como saturada.

But-2-en-1-ol

Butanal

≫ Classificação quanto à presença de ramificações

- **Cadeia normal**: cadeias compostas por carbonos primários e/ou metílicos em suas extremidades e por carbonos primários e/ou secundários em seu interior;
- **Cadeias ramificadas**: cadeias compostas por carbonos primários e/ou metílicos em suas extremidades e por carbonos secundários e/ou terciários e/ou quaternários em seu interior.

O pentano é um composto orgânico de cadeia normal, pois apresenta carbonos primários (CH_3) em suas extremidades e três carbonos secundários (CH_2) em seu interior. O 2-metilbutano, por sua vez, é um composto orgânico de cadeia ramificada, pois apresenta carbonos primários em suas extremidades (CH_3), e um carbono terciário (CH) e um carbono secundário (CH_2) em seu interior.

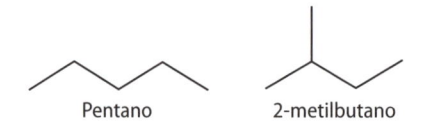

Pentano   2-metilbutano

É importante ressaltar que heteroátomos são desconsiderados para efeito de definição de cadeias normais ou ramificadas. O mesmo vale para átomos diferentes de carbono ligados às extremidades das cadeias.

Seguem exemplos de compostos orgânicos com átomos diferentes de carbono ligados a pelo menos uma de suas extremidades, sendo estas destacadas com estrelas. O butan-1-ol e o butan-2-ol contêm dois carbonos primários em sua extremidade e dois carbonos secundários em seu interior, logo, suas cadeias são classificadas como normais. Já o 2-metilpropan-1-ol apresenta três carbonos primários e um carbono terciário em seu interior, caracterizando sua cadeia como ramificada.

Butan-1-ol   Butan-2-ol   2-metilpropan-1-ol

≫ Classificação quanto à presença de ciclos

- **Cadeia acíclica**: cadeia que contém duas ou mais extremidades. Todos os exemplos de compostos orgânicos vistos até o momento neste capítulo apresentam cadeia acíclica;
- **Cadeia cíclica**: cadeia que não apresenta extremidade. As cadeias cíclicas podem ser saturadas, contendo apenas ligações simples, ou insaturadas, contendo pelo menos uma insaturação; pode conter também heteroátomo;

≫ **DICA**
A cadeia normal também é conhecida como não ramificada, linear ou reta.

≫ **IMPORTANTE**
Conforme se adquire experiência na classificação das cadeias normais ou ramificadas, percebe-se que cadeias ramificadas apresentam pelo menos uma cadeia carbônica extra (ramificação) ligada à cadeia carbônica de maior extensão. O 2-metilpropan-1-ol apresenta um grupo CH_3 como ramificação da cadeia de maior extensão composta por três carbonos.

≫ **DICA**
As cadeias acíclicas também são conhecidas como cadeias abertas.

- **Cadeia mista**: cadeia composta por pelo menos uma parte cíclica ligada em pelo menos uma parte acíclica.

O ciclopentano é um exemplo de composto orgânico com cadeia cíclica saturada e o cicloexeno é um exemplo de composto orgânico com cadeia cíclica insaturada.

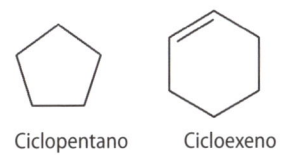

Ciclopentano   Cicloexeno

Caso o composto orgânico apresente cadeia cíclica contendo seis carbonos com três ligações duplas alternadas com três ligações simples, tem-se uma cadeia cíclica aromática, como observado no benzeno e no fenol.

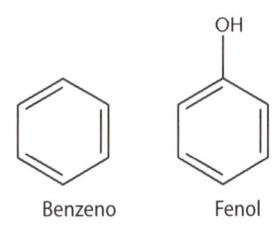

Benzeno   Fenol

> **» DICA**
> Quando a cadeia cíclica apresentar heteroátomo em sua constituição ela é denominada heterocíclica.

O metilcicloexano é um composto orgânico de cadeia mista consistindo em uma cadeia cíclica de seis carbonos ligada a uma cadeia aberta de um carbono. O etinilestradiol é um composto orgânico de cadeia mista insaturada, que apresenta quatro ciclos ligados a duas cadeias acíclicas de um e dois carbonos.

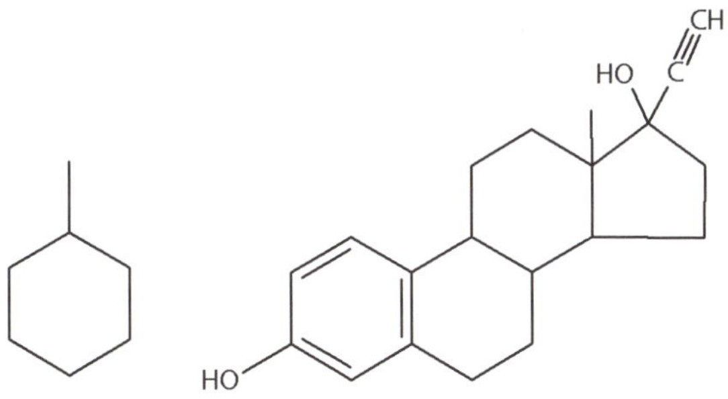

Metilcicloexano   Etinilestradiol

» Classificação quanto à presença de anéis aromáticos

Quando o composto orgânico apresentar pelo menos um anel aromático, ele será classificado como **aromático**; caso não apresente nenhum anel aromático, ele será classificado como **alifático**.

Funções orgânicas

Os compostos orgânicos podem apresentar diversos padrões estruturais, dependendo de sua constituição atômica. Dessa forma, para facilitar sua identificação e a construção de regras para sua nomenclatura, sistematizou-se um conjunto de classes ou funções orgânicas.

Em cada função orgânica, percebe-se a presença de determinados átomos ou grupos de átomos que a caracteriza. Tais átomos ou grupos são denominados **grupos funcionais**.

- **Hidrocarbonetos:** compostos orgânicos formados exclusivamente por carbono e hidrogênio. O petróleo é a principal fonte natural e não renovável de hidrocarbonetos. Utilizada como fonte energética ou substrato para a obtenção de outras classes de compostos orgânicos, essa classe é subdividida em alcanos, alquenos, alquinos, cicloalcanos, cicloalquenos, cicloalquinos e compostos aromáticos.

Os **alcanos**, também conhecidos como parafinas, apresentam em sua cadeia acíclica apenas carbonos ligados por ligações simples. Como exemplo temos o isoctano, um dos constituintes da gasolina. Caso a cadeia seja cíclica, teremos um cicloalcano, como, por exemplo, o cicloexano.

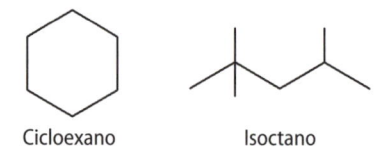

Cicloexano   Isoctano

Os **alquenos**, também conhecidos como olefinas, apresentam em sua cadeia acíclica carbonos ligados por pelo menos uma ligação dupla. Se a cadeia for cíclica, teremos um cicloalqueno. O eteno, matéria-prima para a síntese do polietileno, é um exemplo de alqueno. Já o cicloexeno é um exemplo de cicloalqueno.

$CH_2 = CH_2$

Eteno   Cicloexeno

Os **alquinos** apresentam em sua cadeia acíclica carbonos ligados por pelo menos uma ligação tripla. Caso a cadeia seja cíclica, teremos um cicloalquino. São exemplos o etino e o ciclo-octino.

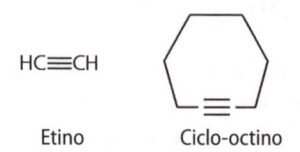

$HC \equiv CH$

Etino   Ciclo-octino

E, por fim, os **compostos aromáticos** apresentam em sua estrutura pelo menos um anel benzênico (cadeia cíclica aromática). São exemplos o metilbenzeno e o naftaleno.

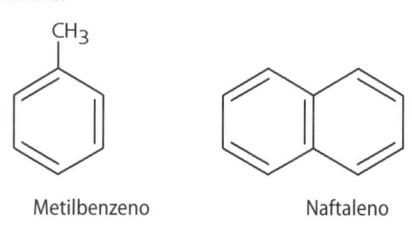

Metilbenzeno   Naftaleno

> » **ATENÇÃO**
> Este livro só abordará compostos aromáticos com núcleo benzênico.

- **Haletos orgânicos:** compostos orgânicos similares aos hidrocarbonetos, exceto pela presença de ao menos um átomo de halogênio ligado à cadeia carbônica. Substratos importantes, como o clorometano e o bromobenzeno, são utilizados na síntese de compostos orgânicos. Também são empregados como solventes orgânicos, a exemplo do diclorometano. Se o átomo de halogênio estiver diretamente ligado a um carbono alifático, teremos um **haleto de alquila**. Já se o átomo estiver ligado a um carbono aromático, teremos um **haleto de arila**, como é o caso do bromobenzeno.

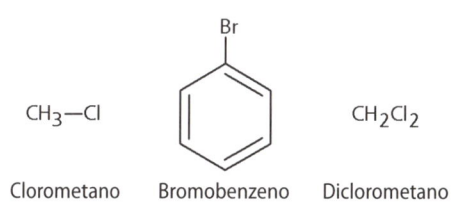

CH_3-Cl Bromobenzeno CH_2Cl_2

Clorometano   Bromobenzeno   Diclorometano

- **Alcoóis:** compostos orgânicos que possuem pelo menos um grupo hidroxila (OH) ligado diretamente a um carbono saturado. O etanol é certamente um dos alcoóis mais conhecidos, sendo usado, por exemplo, como fonte energética em substituição aos combustíveis fósseis derivados do petróleo. A cadeia pode conter insaturações, desde que a hidroxila esteja ligada em um carbono saturado, como no prop-2-en-1-ol.

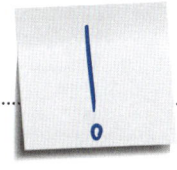

Etanol 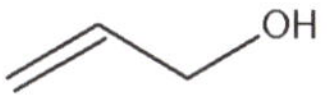   Prop-2-en-1-ol

» IMPORTANTE

Os alcoóis são classificados como metílico (m), primário (1), secundário (2) e terciário (3). Esta classificação se dá em função do tipo de carbono (metílico, primário, secundário ou terciário) diretamente ligado à hidroxila. Veja os exemplos:

$\overset{m}{CH_3}-OH$ $\overset{1}{CH_3}-CH_2-OH$ $CH_3-\underset{2}{\overset{OH}{CH}}-CH_3$ $CH_3-\underset{CH_3}{\overset{\overset{OH}{|}\;3}{C}}-CH_3$

- **Fenóis:** compostos orgânicos que possuem pelo menos uma hidroxila diretamente ligada a um carbono de um anel aromático. Estão presentes em muitas substâncias biologicamente ativas, como em hormônios sexuais femininos e em alguns antioxidantes de plantas.

Fenol

- **Éteres:** compostos orgânicos que possuem um átomo de oxigênio entre duas cadeias carbônicas, podendo estas serem iguais ou diferentes. O etoxietano é um composto orgânico de grande importância utilizado, por exemplo, para dissolver substâncias oleosas ou gordurosas.

Etoxietano

- **Aldeídos:** compostos orgânicos que possuem uma cadeia carbônica ligada ao grupo funcional formil (O=C–H), como é o caso do etanal e do benzenocarbaldeído. O etanal é um aldeído obtido a partir da metabolização do etanol no organismo, sendo responsável por efeitos desagradáveis, como dor de cabeça e náuseas. O benzenocarbaldeído, por sua vez, é usado como flavorizante na indústria de alimentos devido ao seu aroma característico de cereja.

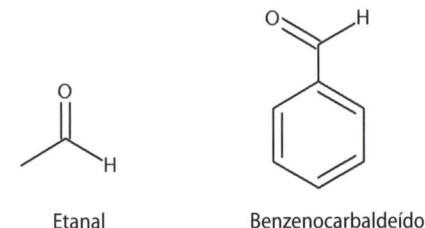

Etanal   Benzenocarbaldeído

>> IMPORTANTE

Uma exceção à regra é o metanal, cujo grupo formil está ligado a um hidrogênio. O metanal, também conhecido como formaldeído ou formol, é uma substância empregada no embalsamamento devido à sua capacidade de desnaturar proteínas.

Metanal

- **Cetonas:** compostos orgânicos que possuem uma carbonila (C=O) entre duas cadeias carbônicas que podem ser iguais ou não. A cetona mais conhecida é a propanona, popularmente designada por acetona. É utilizada como solvente graças ao seu caráter anfifílico, ou seja, à sua capacidade de se dissolver tanto em solventes orgânicos apolares quanto em solventes polares, como a água.

Propanona

- **Ácidos carboxílicos:** compostos orgânicos que possuem o grupo carboxila (HO−C=O) ligado a uma cadeia carbônica, como observado no ácido etanoico – ou ácido acético –, presente no vinagre, e no ácido benzoico, empregado como substrato na síntese do ácido acetilsalicílico.

Ácido etanoico   Ácido benzoico   Ácido metanoico

> **>> IMPORTANTE**
> Uma exceção à regra é o ácido metanoico, cujo grupo carboxila está ligado a um hidrogênio. O ácido metanoico, ou ácido fórmico, é o responsável pelo edema, pelo prurido e pela dor ocasionados com a picada de formigas.

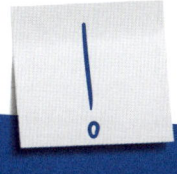

- **Ésteres:** compostos orgânicos que apresentam duas cadeias carbônicas, iguais ou diferentes, ligadas por um grupo (O−C=O). Uma cadeia associa-se ao carbono carbonílico (C=O), e a outra, ao oxigênio saturado.

Os ésteres são derivados dos ácidos carboxílicos por substituição do hidrogênio da hidroxila por uma cadeia carbônica. Na prática, podem ser obtidos por meio de uma reação entre ácidos carboxílicos e alcoóis ou fenóis. Alguns ésteres de baixa massa molar são utilizados como flavorizantes devido ao seu aroma peculiar. O butanoato de etila, por exemplo, apresenta um aroma similar ao de abacaxi. Entre os combustíveis renováveis, o biodiesel corresponde a uma mistura de ésteres metílicos de cadeia longa, dentre os quais destaca-se o decaexanoato de metila.

Butanoato de etila   Decaexanoato de metila

- **Anidridos:** compostos orgânicos que possuem um átomo de oxigênio entre duas carbonilas (C=O). Além disso, as carbonilas devem estar ligadas a hidrogênios ou cadeias carbônicas, podendo estas serem iguais ou diferentes, como no anidrido etanoico (anidrido acético).

Anidrido etanoico

> **>> IMPORTANTE**
> Uma exceção à regra dos ésteres está relacionada à cadeia carbônica ligada diretamente à carbonila. Em seu lugar é possível ter um hidrogênio.

Os anidridos são obtidos por meio da desidratação de duas moléculas de ácidos carboxílicos, sendo muito utilizados na síntese de compostos orgânicos devido à sua alta reatividade.

- **Aminas:** compostos orgânicos que possuem nitrogênio ligado a pelo menos uma cadeia carbônica, como é o caso da metanamina, N-etiletanamina e N, N-dietiletanamina.

>> **IMPORTANTE**
As aminas são classificadas como primárias, secundárias e terciárias. Diferentemente dos alcoóis, esta classificação se dá em função do número de carbonos diretamente ligados ao nitrogênio. Por exemplo, a metanamina é uma amina primária, a N-etiletanamina é secundária e a N, N-dietiletanamina é terciária.

CH_3-NH_2
Metanamina

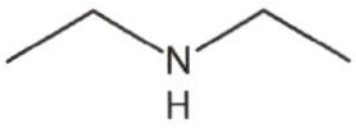

N-etiletanamina

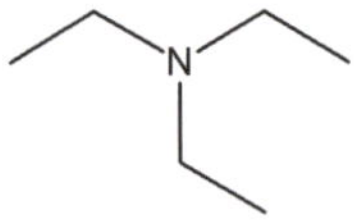

N, N-dietiletanamina

- **Nitrilas:** compostos orgânicos que apresentam cadeia carbônica ligada a uma nitrila (C≡N), como é o caso da etanonitrila, empregada como fase móvel em sistemas cromatográficos, e a benzenonitrila.

$CH_3-C≡N$
Etanonitrila

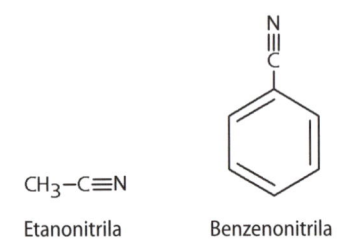

Benzenonitrila

- **Amidas:** compostos orgânicos que apresentam o grupo funcional O=C–N. Átomos de hidrogênio ou cadeias carbônicas, iguais ou diferentes, podem se ligar ao carbono carbonílico e ao nitrogênio do grupo funcional. Entre seus representantes estão a metanamida, a N-metiletanamida e a N,N-dietilpropanamida.

Metanamida

N-metiletanamida

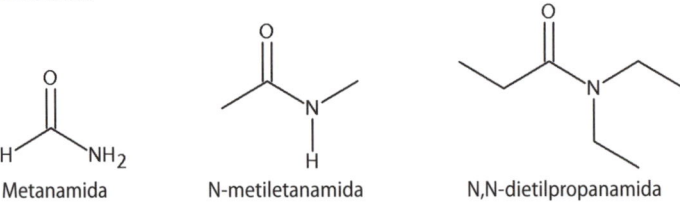

N,N-dietilpropanamida

- **Nitrocompostos:** compostos orgânicos que apresentam uma cadeia carbônica ligada a um grupo nitro (NO_2). Entre seus representantes estão o nitroetano e o nitrobenzeno.

Nitroetano

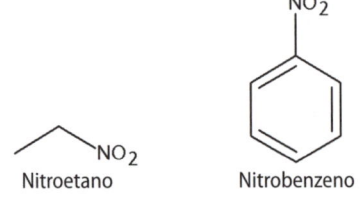

Nitrobenzeno

- **Ácidos sulfônicos:** compostos orgânicos que possuem o grupo SO₃H ligado a uma cadeia carbônica, como o ácido etanossulfônico e o ácido benzenossulfônico.

Ácido etanossulfônico   Ácido benzenossulfônico

» DICA

A maioria dos compostos orgânicos naturais ou sintéticos apresenta funções mistas, ou seja, mais de uma função orgânica é reconhecida em sua estrutura química. Um exemplo é a adrenalina, que possui em sua estrutura os grupos funcionais que caracterizam as funções fenol, álcool e amina:

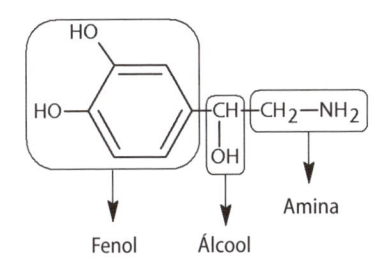

Fenol   Álcool   Amina

Na Tabela 2.1 são relacionados os principais grupos funcionais e suas respectivas funções orgânicas, com o intuito de facilitar a caracterização dos compostos orgânicos.

Tabela 2.1 » Principais grupos funcionais e suas funções orgânicas

Tipo	Função orgânica	Grupo funcional
Hidrocarbonetos	Alcanos e cicloalcanos	(a)
	Alquenos e cicloalquenos	$>C=C<$
	Alquinos e cicloalquinos	$-C\equiv C-$
	Compostos aromáticos	(b)
Compostos halogenados	Haletos orgânicos	$-X$ (c)

(Continua)

Tabela 2.1 » **Principais grupos funcionais e suas funções orgânicas** (*continuação*)

Tipo	Função orgânica	Grupo funcional
Compostos oxigenados	Alcoóis	—OH (d)
	Fenóis	—OH (e)
	Éteres	R_1-O-R_2 (f)
	Aldeídos	[estrutura C(=O)H]
	Cetonas	[estrutura C=O] (f)
	Ácidos carboxílicos	[estrutura COOH]
	Ésteres	[estrutura COOR] (f)
	Anidridos	[estrutura C(=O)-O-C(=O)] (f)
Compostos nitrogenados	Aminas	[estrutura N] (f)
	Nitrilas	C≡N ou CN
Compostos oxinitrogenados	Amidas	[estrutura C(=O)N] (f)
	Nitrocompostos	NO_2
Compostos sulfurados	Ácidos Sulfônicos	SO_3H

[a] Alcanos não apresentam grupo funcional.
[b] Compostos aromáticos, até então, são hidrocarbonetos que apresentam pelo menos um anel benzênico em sua estrutura.
[c] X representa qualquer halogênio, no caso flúor, cloro, bromo ou iodo.
[d] A hidroxila deve se ligar especificamente a um carbono saturado.
[e] A hidroxila deve se ligar especificamente a um anel benzênico.
[f] Grupos ligados podem ser idênticos ou diferentes, alifáticos ou aromáticos.

Nomenclatura dos compostos orgânicos

> **» NO SITE**
> A nomenclatura comum (informal) dos compostos orgânicos está disponível no ambiente virtual de aprendizagem Tekne.

Conforme visto na seção anterior, cada uma das classes foi exemplificada com compostos orgânicos e seus respectivos nomes. À primeira vista, tais nomes parecem complexos, mas após a compreensão das regras de nomenclatura, certamente essa impressão desaparecerá.

Oficialmente, os compostos orgânicos são nomeados por meio de regras internacionais estabelecidas pela International Union of Pure and Applied Chemistry (IUPAC), com uma sistemática diferenciada para cada uma das classes de compostos orgânicos.

A consulta dessas regras é facilitada pela organização de cada classe de acordo com o tipo de cadeia e por sua sistematização em quadros ao final de cada tópico.

» Nomenclatura de hidrocarbonetos

As regras de nomenclatura dos hidrocarbonetos são de grande importância, pois estabelecem como deve ser construído o nome de cada composto, além de servirem como base para as regras das demais classes de compostos orgânicos.

Serão estudadas as nomenclaturas das seguintes subclasses de hidrocarbonetos: alcanos, alquenos, alquinos, cicloalcanos, cicloalquenos, cicloalquinos e compostos aromáticos.

Nomenclatura de alcanos de cadeia normal

O nome dos alcanos de cadeia normal é composto por três partes:

a) um prefixo associado ao número de carbonos da cadeia;
b) o termo "an", caracterizando a presença exclusiva de carbonos saturados; e
c) o sufixo "o", indicando que a substância é um hidrocarboneto.

Deve ser levado em conta que o número de carbonos não é expresso por valores numéricos simples, como "um, dois ou três". Em seu lugar, são empregados prefixos derivados das palavras gregas ou latinas correspondentes aos números conforme esquematizados na Tabela 2.2.

Tabela 2.2 » Prefixos para alcanos de cadeia normal

Número de carbonos	Prefixo IUPAC*	Número de carbonos	Prefixo IUPAC*
1	met	11	undec
2	et	12	dodec
3	prop	13	tridec
4	but	14	tetradec
5	pent	15	pentadec
6	hex	16	hexadec
7	hept	17	heptadec
8	oct	18	octadec
9	non	19	nonadec
10	dec	20	eicos

* A relação de prefixos se estende além de 20 carbonos.

» **DICA**
Um alcano de cadeia normal apresenta uma única sequência de carbonos ligados entre si na própria cadeia. Assim, esta é considerada a cadeia principal.

Veja os exemplos a seguir:

Propano   Hexano   Dodecano

Regra para a nomenclatura de alcanos de cadeia normal:

| Prefixo associado ao número de carbonos da cadeia principal | ano |

Nomenclatura de alcanos de cadeia ramificada (uma ramificação)

Os alcanos de uma cadeia ramificada possuem uma regra de nomenclatura similar à dos alcanos de cadeia simples. A diferença está na descrição das ramificações. Para tanto, deve-se localizar a cadeia principal e a ramificação do alcano. Cadeia principal de um composto orgânico é o conjunto de carbonos ligados entre si que apresenta a maior extensão.

Veja o exemplo:

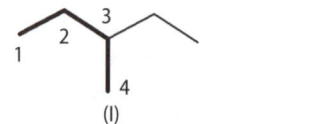

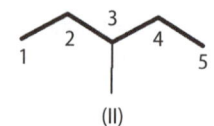

(I)   (II)

Note que há duas sequências possíveis de carbonos ligados entre si. A primeira (I) contém 4 carbonos e é obtida contando-os da esquerda para a direita, sendo o final da cadeia o carbono CH_3 central. A segunda (II) contém 5 carbonos, correspondendo à sequência que começa da esquerda para a direita e termina no carbono CH_3 da direita.

Neste caso em especial, se a contagem fosse iniciada da direita para a esquerda chegaríamos às mesmas conclusões.

Por definição, a cadeia principal equivale à sequência maior, de 5 carbonos, e o grupo CH_3 central é caracterizado como uma ramificação.

Veja o exemplo:

(I)   (II)   (III)

São destacadas as três formas de se unir uma extremidade à outra. Na representação (I), a cadeia obtida teria cinco átomos de carbono; na (II), oito; e na (III), seis átomos de carbono. Portanto, a estrutura (II) é a que representa a escolha correta da cadeia principal.

Agora que está claro como identificar a cadeia principal e as ramificações de um composto orgânico, deve-se nomear cada ramificação. A nomenclatura das ramificações, representada na Tabela 2.3, é similar à observada para os alcanos de cadeia normal, tendo como diferença o sufixo "ila" no lugar de "ano".

>> **DICA**
As ramificações também são chamadas de grupos substituintes.

Tabela 2.3 >> Ramificações

Número de carbonos da ramificação [a]	Nomenclatura IUPAC	Estrutura química da ramificação [b]
1	metila	$[H_3C-]$
2	etila	$[H_3C-CH_2-]$
3	propila	$[H_3C-CH_2-CH_2-]$
3	*iso*propila	$\begin{bmatrix} H_3C-CH- \\ CH_3 \end{bmatrix}$
4	butila	$[H_3C-CH_2-CH_2-CH_2-]$
4	*iso*butila	$\begin{bmatrix} H_3C-CH-CH_2- \\ CH_3 \end{bmatrix}$

(Continua)

Tabela 2.3 » Ramificações (*Continuação*)

Número de carbonos da ramificação [a]	Nomenclatura IUPAC	Estrutura química da ramificação [b]
4	*sec*-butila	$[H_3C-CH_2-CH(CH_3)-]$
4	*terc*-butila	$[H_3C-C(CH_3)_2-]$
5	pentila	$[H_3C-CH_2-CH_2-CH_2-CH_2-]$

[a] A relação de prefixos se estende além de 5 carbonos.
[b] A estrutura entre colchetes equivale à ramificação e enquanto a ligação que sai dos parênteses corresponde à ligação com a cadeia principal.

» **NO SITE**
Os nomes de outras ramificações comuns, aceitas pela IUPAC, são encontrados no ambiente virtual de aprendizagem Tekne.

A última informação necessária à construção dos nomes de alcanos de cadeia ramificada é a posição do ramo, que será atribuído em função do número (índice) do carbono da cadeia principal ao qual essa ramificação está ligada. Para tanto, deve-se considerar como índice 1 aquele carbono que corresponde à extremidade mais próxima da ramificação.

Veja o exemplo:

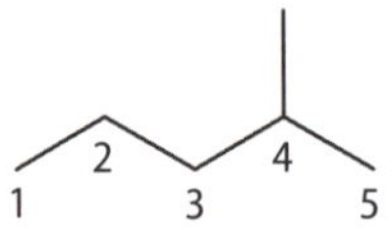

(I) numeração 1-2-3-4-5 da esquerda para a direita
(II) numeração 5-4-3-2-1 da esquerda para a direita

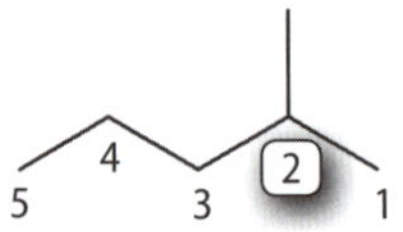

Neste caso, os carbonos da cadeia principal devem ser numerados da direita para a esquerda, pois a ramificação está mais próxima da extremidade direita. Note que a numeração correta (II) mantém a ramificação ligada ao carbono 2. Na proposta (I), a ramificação estaria erroneamente associada ao carbono 4.

Uma vez definida a cadeia principal e conhecendo o nome e a posição da ramificação, obtém-se o nome do alcano de cadeia ramificada. Para tanto, deve-se evidenciar os dados da ramificação e o nome da cadeia principal como se fosse um alcano de cadeia normal.

» **IMPORTANTE**
Ao escrever nomenclaturas, devemos considerar os seguintes critérios:
- Números são separados de letras por meio de hífen;
- Números são separados de números por meio de vírgulas;
- Não há espaço entre o nome da ramificação e o da cadeia principal.

Veja o exemplo:

(estrutura com numeração 5-4-3-2-1 e ramificação no carbono 2)

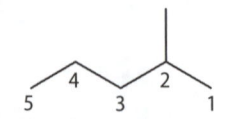

O alcano apresenta uma cadeia principal com cinco carbonos e uma ramificação com apenas um carbono (metila) ligada ao carbono 2. Portanto, é nomeado 2-metilpentano.

Regra para a nomenclatura de alcanos de cadeia ramificada (uma ramificação):

| Índice da ramificação | – | Nome da ramificação com sufixo "il" | Prefixo associado ao número de carbonos presentes na cadeia principal | ano |

>> **IMPORTANTE**
Como o nome da ramificação é unido ao nome da cadeia principal na regra, os prefixos hex e hept perdem a letra h. Por exemplo, é correto escrever 2-metilexano, e não 2-metilhexano. Esta regra também vale para as demais funções orgânicas.

Nomenclatura de alcanos de cadeia ramificada (duas ou mais ramificações)

Os alcanos com duas ou mais ramificações possuem uma regra similar à dos alcanos de cadeia ramificada com uma ramificação. A diferença está no critério adotado para estabelecer os índices dos carbonos da cadeia principal.

De modo geral, quando há mais de uma ramificação ligada à cadeia principal, deve-se verificar qual extremidade apresenta uma ramificação mais próxima. Nessa extremidade se iniciará a sequência crescente de índices.

Veja o exemplo:

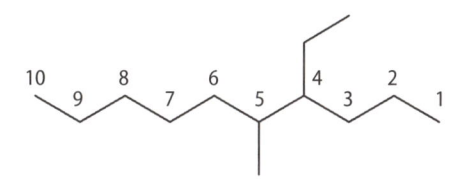

>> **IMPORTANTE**
A ordem alfabética não leva em conta os prefixos *sec* ou *terc* das ramificações.

Esse alcano tem uma cadeia principal de 10 carbonos e duas ramificações, no caso, um grupo metila e um grupo etila. Percebe-se que o grupo etila está mais próximo da extremidade direita do que o grupo metila está da extremidade esquerda. Então, a cadeia principal deve ser numerada da direita para a esquerda, mantendo a etila no carbono 4 e a metila no carbono 5.

Tendo em mãos as numerações de cada ramificação, o nome do alcano será formado com os dados da ramificação inicial, cujo nome inicia pela letra que aparece primeiro na ordem alfabética, seguido dos dados da ramificação seguinte, de acordo com a ordem alfabética e, por fim, com o nome da cadeia principal, como em um alcano de cadeia normal. Assim, tem-se o 4-etil-5-metildecano.

>> **IMPORTANTE**
Os indicadores de repetição di, tri, tetra, etc. não são considerados em ordem alfabética e são escritos sem espaço entre si e o nome da ramificação.

Regra de nomenclatura de alcanos de cadeia ramificada com duas ou mais ramificações diferentes:

| Índice da ramificação inicial considerando a ordem alfabética | – | Nome da ramificação com sufixo "il" | – | Índice da ramificação final considerando a ordem alfabética | – | Nome da ramificação com sufixo "il" | Prefixo associado ao número de carbonos da cadeia principal | ano |

Obs.: Se o alcano apresentar mais de duas ramificações, basta acrescentar seus dados de acordo com o modelo.

E se as ramificações forem idênticas, como proceder? A resposta é simples. Basta empregar indicadores de repetição como di (duas ramificações idênticas), tri (três ramificações idênticas), tetra (quatro ramificações idênticas), etc., após a numeração correspondente.

Veja o exemplo:

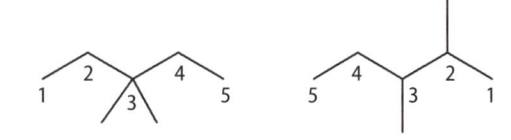

> **DICA**
> Qualquer alcano de cadeia ramificada com ramificações idênticas apresentará os índices separados por vírgulas. Não confunda com número decimal!

Nesses casos, há duas ramificações idênticas: duas metilas. No primeiro caso ambas estão localizadas no carbono 3, então o nome do alcano é 3,3-dimetilpentano. No outro exemplo, como uma das ramificações está localizada no carbono 2 e a outra no carbono 3, tem-se o 2,3-dimetilpentano.

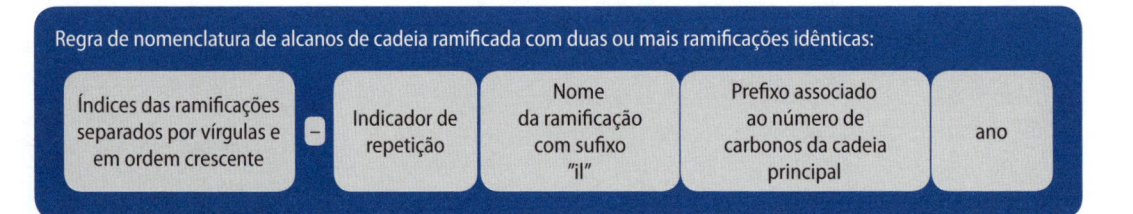

Regra de nomenclatura de alcanos de cadeia ramificada com duas ou mais ramificações idênticas:

| Índices das ramificações separadas por vírgulas e em ordem crescente | - | Indicador de repetição | Nome da ramificação com sufixo "il" | Prefixo associado ao número de carbonos da cadeia principal | ano |

Cuidado! Outras situações particulares podem ocorrer. Suponha que o alcano de cadeia ramificada apresente duas ou mais cadeias principais possíveis (com a mesma quantidade de carbonos). Neste caso, seleciona-se aquela que apresenta maior quantidade de ramificações.

Veja o exemplo:

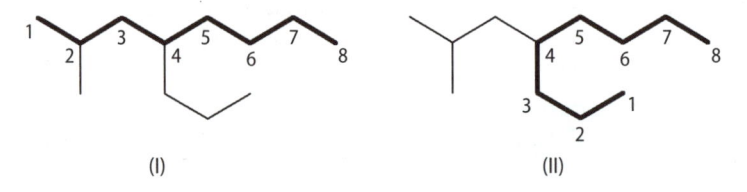

(I)   (II)

Na representação (I), o alcano tem duas ramificações, e na (II), uma. Assim, a opção correta é a (I): 2-metil-4-propiloctano.

Outra situação interessante ocorre quando um alcano de cadeia ramificada apresenta várias ramificações, sendo as extremidades da cadeia principal equidistantes das ramificações mais próximas. Nesse caso, deve-se observar quais das demais ramificações está mais próxima de uma das extremidades. Feita a escolha, o carbono da extremidade selecionada terá índice 1.

Veja o exemplo:

Note que ambas as metilas estão equidistantes das extremidades, não definindo a sequência de índices. Porém, a outra ramificação (etila) está mais próxima da extremidade esquerda, estabelecendo-a como extremidade onde a sequência crescente de índices inicia. Como consequência, o alcano é nomeado 4-etil-3,6-dimetiloctano.

Nomenclatura de cicloalcanos de cadeia normal

A nomenclatura dos cicloalcanos de cadeia normal é muito parecida com a dos alcanos de cadeia normal, tendo como diferença apenas o termo "ciclo" no início do nome. Além disso, sua cadeia principal equivale à sequência de carbonos do ciclo.

Veja o exemplo:

O cicloalcano apresenta 6 carbonos em sua cadeia principal, logo, é nomeado cicloexano.

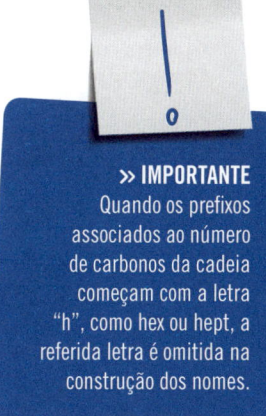

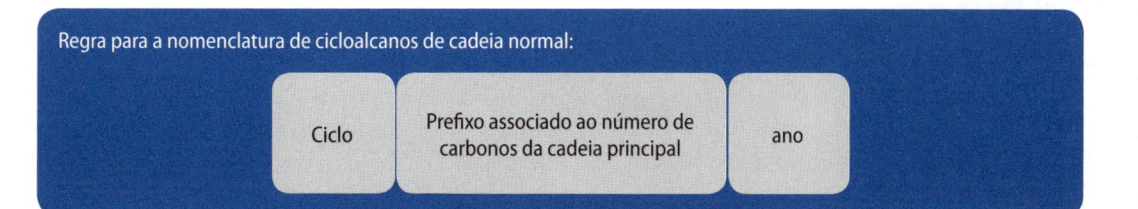

> **» IMPORTANTE**
> Quando os prefixos associados ao número de carbonos da cadeia começam com a letra "h", como hex ou hept, a referida letra é omitida na construção dos nomes.

Regra para a nomenclatura de cicloalcanos de cadeia normal:

| Ciclo | Prefixo associado ao número de carbonos da cadeia principal | ano |

> **IMPORTANTE**
> Sempre que a ramificação tiver o número 1 como indicador, este pode ser omitido.

Nomenclatura de cicloalcanos de cadeia mista (uma ramificação)

A nomenclatura dos cicloalcanos de cadeia mista com uma ramificação é similar àquela dos alcanos correspondentes. A primeira diferença é a presença do termo "ciclo" após os dados da ramificação. A segunda está relacionada à numeração dos carbonos da cadeia principal. Como a cadeia principal do ciclo não apresenta extremidades, a numeração deve levar em conta a localização da ramificação. Assim, o carbono 1 da cadeia principal será aquele ligado à ramificação.

Veja o exemplo:

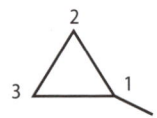

O cicloalcano apresenta 3 carbonos em sua cadeia principal e uma ramificação (metila) ligada ao carbono 1. Logo, o cicloalcano é nomeado 1-metilciclopropano, ou simplesmente metilciclopropano.

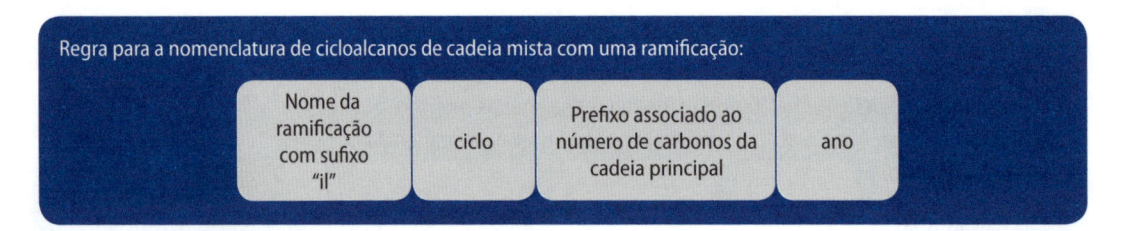

Regra para a nomenclatura de cicloalcanos de cadeia mista com uma ramificação:

| Nome da ramificação com sufixo "il" | ciclo | Prefixo associado ao número de carbonos da cadeia principal | ano |

Se a cadeia acíclica for composta por mais carbonos do que o ciclo, o ciclo passa a ser a ramificação, e a cadeia acíclica, a cadeia principal. Logo, a regra de nomenclatura empregada equivalerá à de um alcano de cadeia ramificada com uma ramificação (ver p. 38).

Veja os exemplos:

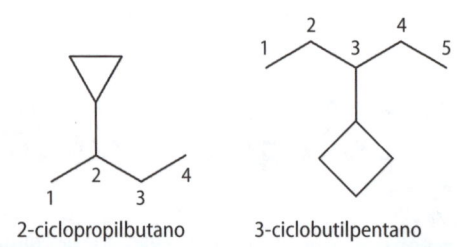

2-ciclopropilbutano   3-ciclobutilpentano

> **DICA**
> O nome das ramificações cíclicas é similar ao nome das ramificações acíclicas. A diferença é a presença do prefixo "ciclo".

Nomenclatura de cicloalcanos de cadeia mista (duas ramificações)

Neste caso, utiliza-se a ordem alfabética para determinar quem é a ramificação com índice 1. A segunda ramificação terá seu índice por meio da contagem dos carbonos da cadeia principal no sentido que fornecer o menor índice para a segunda ramificação.

Veja o exemplo:

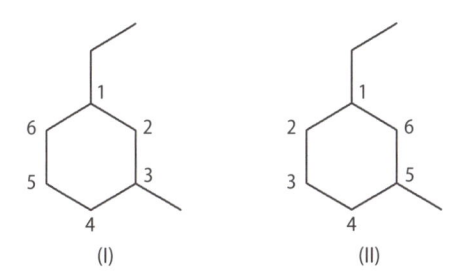

(I)   (II)

Este cicloalcano apresenta como cadeia principal um ciclo de 6 carbonos e possui duas ramificações: uma metila e uma etila. Considerando a ordem alfabética, a etila terá índice 1. A metila, por sua vez, se numerada considerando o sentido horário (I), terá índice 3. Se o sentido for anti-horário (II), o índice será 5. Assim, mantém-se o sentido com o menor índice, no caso, 3.

Então, o cicloalcano é nomeado 1-etil-3-metilcicloexano.

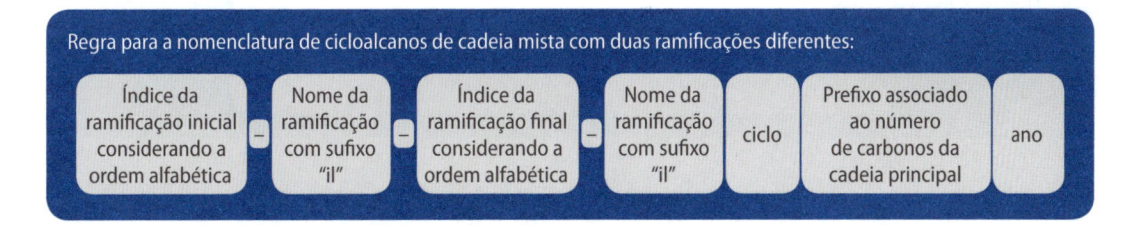

Regra para a nomenclatura de cicloalcanos de cadeia mista com duas ramificações diferentes:						
Índice da ramificação inicial considerando a ordem alfabética	Nome da ramificação com sufixo "il"	Índice da ramificação final considerando a ordem alfabética	Nome da ramificação com sufixo "il"	ciclo	Prefixo associado ao número de carbonos da cadeia principal	ano

Caso os substituintes sejam iguais, veja o exemplo:

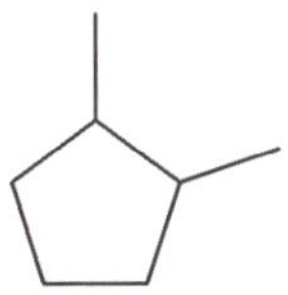

1,2-dimetilciclopentano

Este cicloalcano tem uma cadeia cíclica de 5 carbonos ligada a dois grupos metila em carbonos diferentes, sendo nomeado como 1,2-dimetilciclopentano.

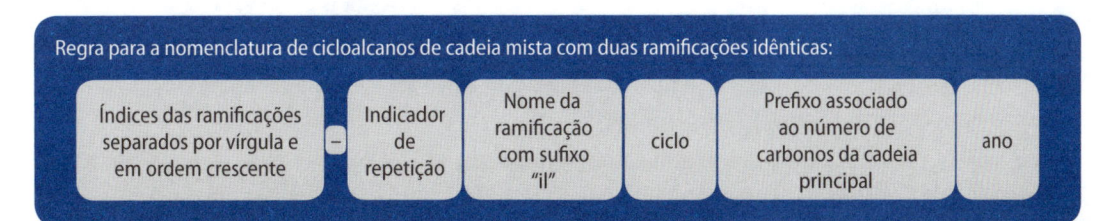

Regra para a nomenclatura de cicloalcanos de cadeia mista com duas ramificações idênticas:					
Índices das ramificações separados por vírgula e em ordem crescente	Indicador de repetição	Nome da ramificação com sufixo "il"	ciclo	Prefixo associado ao número de carbonos da cadeia principal	ano

Nomenclatura de cicloalcanos de cadeia mista (três ou mais ramificações)

Para os cicloalcanos de cadeia mista com três ou mais ramificações, deve-se verificar, iniciando a partir de cada ramificação e seguindo, tanto no sentido horário quanto anti-horário, qual sequência de numeração resultará nos menores índices para as ramificações.

Veja o exemplo:

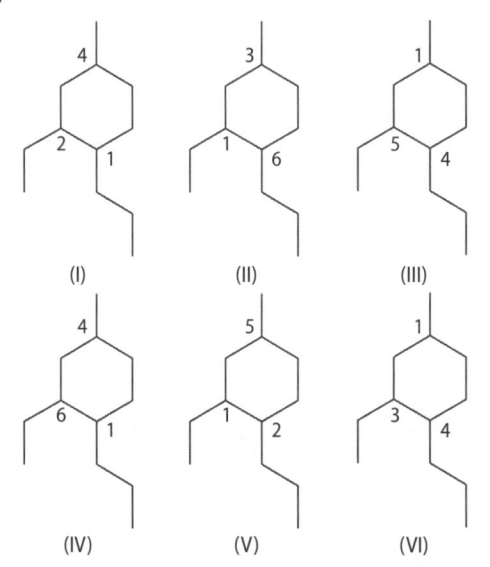

> **» DICA**
> Uma forma prática de estabelecer qual conjunto apresenta os menores índices é somar seus valores. Aquele com a menor soma é empregado na regra de nomenclatura. No exemplo dado, a soma do conjunto escolhido (I) foi igual a 7. A outra possibilidade de conjuntos de índices apresentou soma igual ou maior do que 8.
> Mas, cuidado! Essa dica se aplica apenas aos compostos cuja cadeia principal é cíclica.

Neste caso, há três modos de numeração no sentido horário (I, II e III) e três no sentido anti-horário (IV, V e VI). Dentre todas as possibilidades, a que conduz aos menores índices (1, 2 e 4) é a (I), sendo esta a correta: 2-etil-4-metil-1-propilcicloexano.

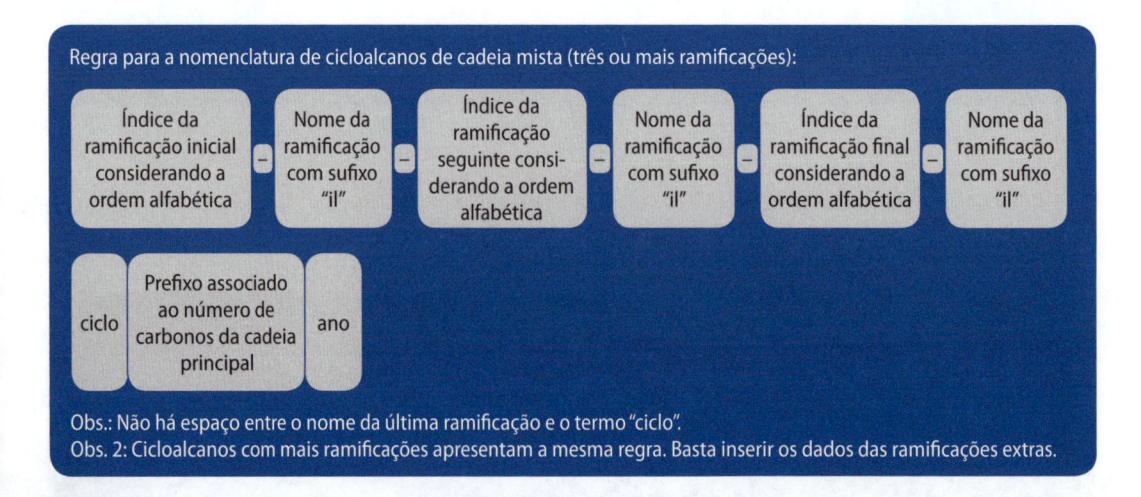

Regra para a nomenclatura de cicloalcanos de cadeia mista (três ou mais ramificações):

Índice da ramificação inicial considerando a ordem alfabética — Nome da ramificação com sufixo "il" — Índice da ramificação seguinte considerando a ordem alfabética — Nome da ramificação com sufixo "il" — Índice da ramificação final considerando a ordem alfabética — Nome da ramificação com sufixo "il"

ciclo — Prefixo associado ao número de carbonos da cadeia principal — ano

Obs.: Não há espaço entre o nome da última ramificação e o termo "ciclo".
Obs. 2: Cicloalcanos com mais ramificações apresentam a mesma regra. Basta inserir os dados das ramificações extras.

Nomenclatura de alquenos de cadeia normal e com uma ligação dupla

Agora serão apresentadas as regras de nomenclatura para moléculas que contêm grupos funcionais. De modo geral, o carbono que sustenta o grupo funcional obrigatoriamente pertence à cadeia principal e deve receber o menor índice possível.

A nomenclatura dos alquenos é orientada pelo grupo funcional (C=C). Outra característica importante é a forma como os índices dos carbonos da cadeia principal são obtidos: a extremidade mais próxima da ligação dupla iniciará a sequência crescente de índices.

Mas, se a ligação dupla está vinculada a dois carbonos, como representá-la no nome dos alquenos? É simples: basta considerar o menor índice atribuído aos dois carbonos. Por fim, como se trata de um alqueno, a nomenclatura emprega o termo "en" (ligação dupla), em vez de "an" (ligação simples).

Veja o exemplo:

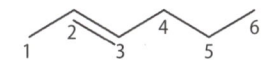

A ligação dupla está mais próxima da extremidade esquerda da cadeia principal, logo, a sequência crescente dos índices se dará da esquerda para a direita. Como consequência, os carbonos da ligação dupla apresentam índices 2 e 3, sendo o índice menor (no caso, 2) utilizado no nome. Desta forma, tem-se o hex-2-eno.

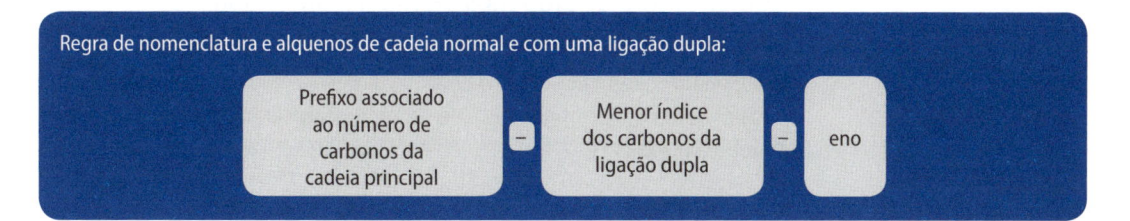

Regra de nomenclatura e alquenos de cadeia normal e com uma ligação dupla:

Prefixo associado ao número de carbonos da cadeia principal — Menor índice dos carbonos da ligação dupla — eno

Nomenclatura de alquenos de cadeia normal com mais de uma ligação dupla

Alquenos de cadeia normal com mais de uma ligação dupla apresentam uma regra de nomenclatura similar à dos alquenos de cadeia normal com uma ligação dupla.

A primeira diferença se dá na representação dos menores índices de cada ligação dupla, bem como do indicador de repetição correspondente. Além disso, os prefixos associados ao número de carbonos da cadeia principal são escritos com a letra "a" ao final. Exemplos: propa, buta, penta, etc.

Outra característica importante é o método empregado para estabelecer a sequência de índices da cadeia principal: o menor conjunto de índices que representa as ligações duplas. Vale lembrar que cada ligação dupla é representada pelo menor índice entre os dois carbonos.

Veja o exemplo:

(I)   (II)

A cadeia principal do alqueno pode apresentar uma sequência de índices crescente da extremidade esquerda para a direita ou da direita para a esquerda. Note que a primeira sequência (I) fornece os índices 2 e 4, e a segunda (II), os índices 3 e 5.

Assim, emprega-se os índices 2 e 4 no nome do alqueno, no caso, hepta-2,4-dieno.

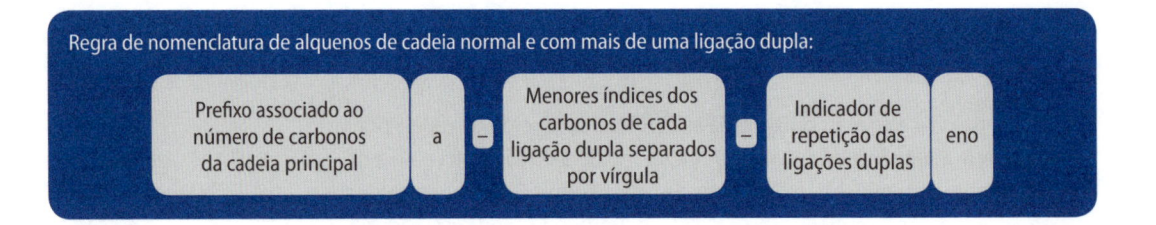

Regra de nomenclatura de alquenos de cadeia normal e com mais de uma ligação dupla:

Prefixo associado ao número de carbonos da cadeia principal — a — Menores índices dos carbonos de cada ligação dupla separados por vírgula — Indicador de repetição das ligações duplas — eno

Nomenclatura de alquenos de cadeia ramificada com uma ligação dupla

Neste ponto deve-se ficar atento à escolha da cadeia principal, pois esta deve ter o maior número de carbonos e deve conter os dois carbonos que caracterizam o grupo funcional.

Veja o exemplo:

(I)   (II)   (III)

Na representação (I), a cadeia assinalada contém o maior número de carbonos, entretanto, ela não pode ser a cadeia principal por não conter os dois átomos de carbono (C=C) que caracterizam o grupo funcional. As representações (II) e (III) apresentam o grupo funcional contido na cadeia principal, porém a cadeia (III) é a maior, sendo a opção correta. Observa-se ainda que a numeração começa no primeiro carbono da dupla ligação. Por fim, o alqueno é nomeado 2-propilex-1--eno.

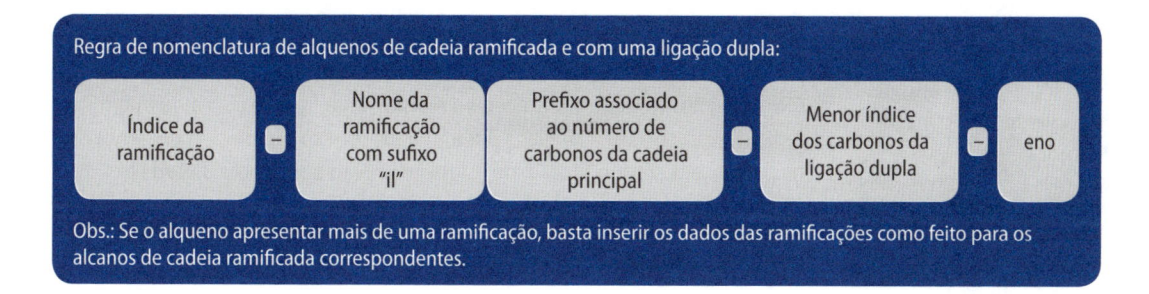

Regra de nomenclatura de alquenos de cadeia ramificada e com uma ligação dupla:

| Índice da ramificação | – | Nome da ramificação com sufixo "il" | – | Prefixo associado ao número de carbonos da cadeia principal | – | Menor índice dos carbonos da ligação dupla | – | eno |

Obs.: Se o alqueno apresentar mais de uma ramificação, basta inserir os dados das ramificações como feito para os alcanos de cadeia ramificada correspondentes.

Nomenclatura de cicloalquenos de cadeia normal com uma ligação dupla

Cicloalquenos de cadeia normal com uma ligação dupla apresentam uma nomenclatura muito simples, pois a ligação dupla determina a sequência dos índices. Como não há extremidades no ciclo, um carbono da ligação dupla terá índice 1, e o outro, índice 2. O menor índice pode ser empregado no nome do cicloalqueno, mas como sempre será 1, é frequentemente omitido.

De modo geral, sua nomenclatura emprega inicialmente o termo "ciclo", em seguida o prefixo associado ao número de carbonos da cadeia principal e os termos "en" e "o".

Veja o exemplo:

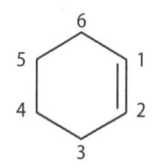

O cicloalqueno apresenta 6 carbonos em sua cadeia principal, sendo a ligação dupla representada pelo menor índice, no caso, 1. Assim, tem-se o cicloex-1-eno ou, simplesmente, cicloexeno.

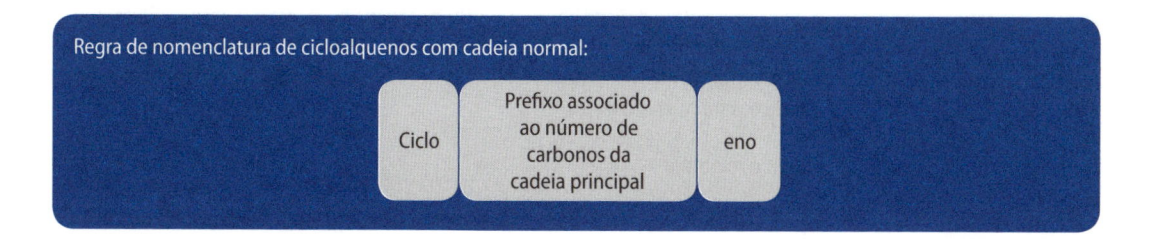

Regra de nomenclatura de cicloalquenos com cadeia normal:

| Ciclo | Prefixo associado ao número de carbonos da cadeia principal | eno |

> **DICA**
> Revise os conceitos de cicloalquenos e de compostos aromáticos para evitar confundi-los!

Nomenclatura de cicloalquenos de cadeia normal com mais de uma ligação dupla

Cicloalquenos de cadeia normal com mais de uma ligação dupla possuem uma regra de nomenclatura similar à dos alquenos correspondentes. A diferença está na presença do termo "ciclo" e no estabelecimento dos índices da cadeia.

A sequência de índices empregada deve gerar os menores valores para todos os carbonos associados às ligações duplas.

Veja o exemplo:

Os índices do cicloalqueno de cadeia normal foram estabelecidos de forma que os carbonos das ligações duplas apresentem valores 1, 2, 3 e 4, a menor sequência possível. Assim, o cicloalqueno é nomeado cicloexa-1,3-dieno.

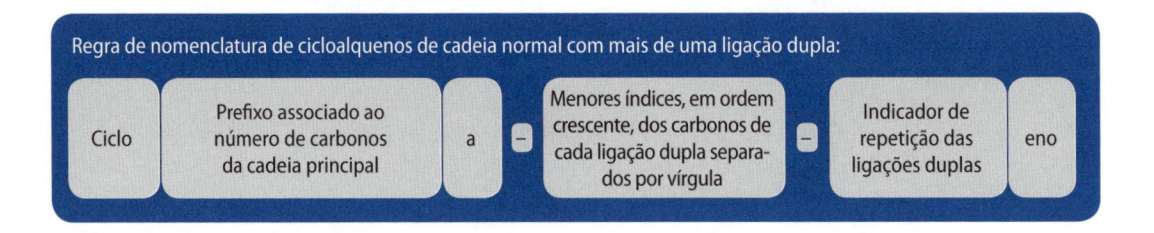

Regra de nomenclatura de cicloalquenos de cadeia normal com mais de uma ligação dupla:

| Ciclo | Prefixo associado ao número de carbonos da cadeia principal | a | – | Menores índices, em ordem crescente, dos carbonos de cada ligação dupla separados por vírgula | – | Indicador de repetição das ligações duplas | eno |

Nomenclatura de cicloalquenos de cadeia mista com uma ligação dupla

A nomenclatura de cicloalquenos de cadeia mista com uma ligação dupla é similar à dos cicloalquenos de cadeia normal correspondentes. A diferença básica é o modo como se estabelece a sequência de índices da cadeia principal (definidos pelos sentidos horário ou anti-horário). Os carbonos da ligação dupla devem apresentar índices 1 e 2, porém, a sequência correta será a que gerar o menor índice para as ramificações.

Veja o exemplo:

Os dois carbonos da ligação dupla terão os índices 1 e 2, porém, há duas possibilidades: a) carbono da direita com índice 1 e da esquerda com índice 2 e b) carbono da esquerda com índice 1 e da direita com índice 2. Ao avaliar os índices obtidos pelas ramificações, a primeira possibilidade geraria os índices 1 e 4, e a segunda, os índices 2 e 4, sendo então descartada. Assim, esse cicloalqueno é nomeado 4-etil-1-metilciclopenteno.

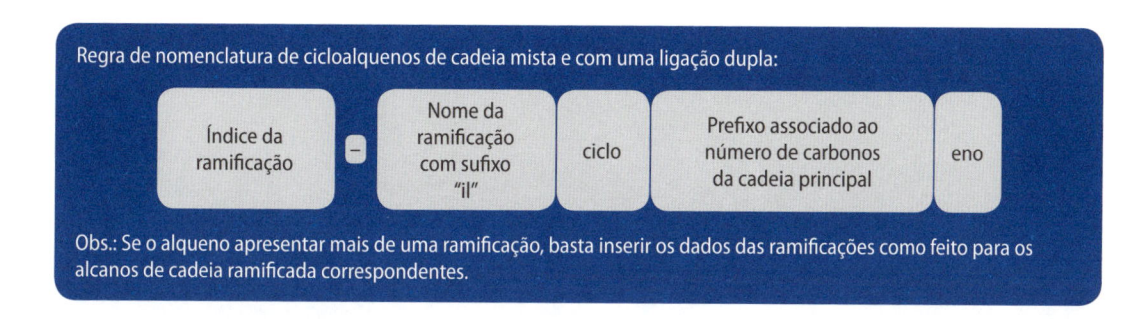

> **Regra de nomenclatura de cicloalquenos de cadeia mista e com uma ligação dupla:**
>
> [Índice da ramificação] − [Nome da ramificação com sufixo "il"] [ciclo] [Prefixo associado ao número de carbonos da cadeia principal] [eno]
>
> Obs.: Se o alqueno apresentar mais de uma ramificação, basta inserir os dados das ramificações como feito para os alcanos de cadeia ramificada correspondentes.

Nomenclatura de alquinos e cicloalquinos

A nomenclatura de alquinos e de cicloalquinos é muito similar à dos alquenos e dos cicloalquenos, respectivamente. A diferença está na substituição do termo "en" pelo termo "in", indicando a presença de ligação tripla no lugar da ligação dupla.

Nomenclatura de compostos aromáticos com cadeia normal

Os compostos aromáticos mais simples apresentam apenas um anel benzênico, sendo a molécula de benzeno o único representante de cadeia não ramificada.

Por outro lado, há vários compostos aromáticos de cadeia não ramificada com dois ou mais anéis benzênicos fundidos. Entretanto, a nomenclatura daqueles que apresentam até quatro anéis benzênicos fundidos emprega nomenclatura informal. Os mais simples são o naftaleno, o antraceno e o fenantreno:

Naftaleno   Antraceno   Fenantreno

Nomenclatura de compostos aromáticos de cadeia mista

As regras para a numeração da cadeia principal dos compostos desta classe são as mesmas demonstradas para os cicloalcanos, considerando o anel benzênico como base para a nomenclatura.

Veja o exemplo:

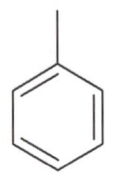

metilbenzeno

Regra para a nomenclatura de compostos aromáticos de cadeia mista (uma ramificação) com um anel benzênico:

| Nome da ramificação com sufixo "il" | benzeno |

Regra de nomenclatura de compostos aromáticos de cadeia mista (duas ramificações) com um anel benzênico:

| Índice da ramificação inicial considerando a ordem alfabética | – | Nome da ramificação com sufixo "il" | – | Índice da ramificação final considerando a ordem alfabética | – | Nome da ramificação com sufixo "il" | benzeno |

Veja o segundo exemplo:

1-etil-3-metilbenzeno

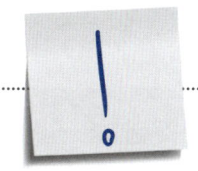

>> IMPORTANTE

Quando houver apenas dois substituintes nos anel benzênico, os números dos índices podem ser substituídos pelos prefixos *orto*, *meta* e *para* (o uso desses prefixos vale apenas para o anel benzênico).

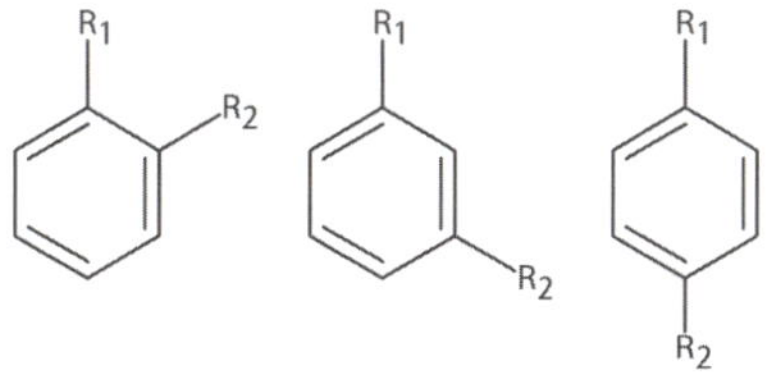

orto   meta   para

Regra de nomenclatura de compostos aromáticos de cadeia mista (duas ramificações diferentes) com um anel benzênico (sistema *orto*, *meta* ou *para*):

| Identificação da distância entre as duas ramificações (*o*, *m* ou *p*) | – | Nome da ramificação que surge primeiro na ordem alfabética, com sufixo "il" | – | Nome da ramificação que surge por último na ordem alfabética, com sufixo "il" | benzeno |

Regra de nomenclatura de compostos aromáticos de cadeia mista (duas ramificações idênticas) com uma anel benzênico (sistema *orto*, *meta* ou *para*):

| Identificação da distância entre as duas ramificações (*o*, *m* ou *p*) | – | di | Nome da ramificação com sufixo "il" | benzeno |

Agora veja o terceiro exemplo:

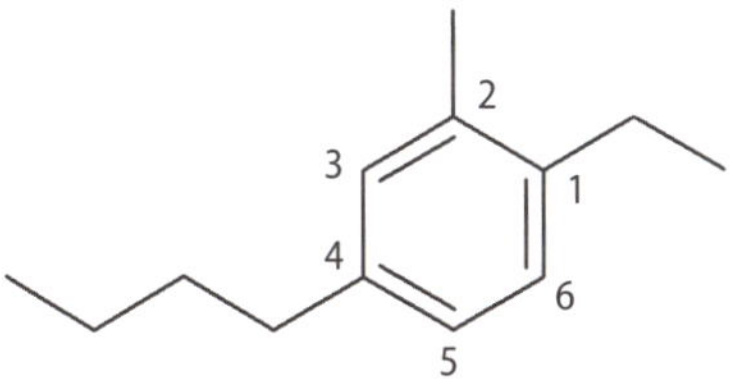

4-butil-1-etil-2-metilbenzeno

Regra de nomenclatura de compostos aromáticos de cadeia mista (mais de duas ramificações) com um anel benzênico:

| Índice da ramificação inicial considerando a ordem alfabética | – | Nome da ramificação com sufixo "il" | – | Índice da ramificação seguinte considerando a ordem alfabética | – | Nome da ramificação com sufixo "il" | – | Índice da ramificação final considerando a ordem alfabética | – | Nome da ramificação com sufixo "il" | benzeno |

Obs.: Compostos aromáticos com mais ramificações apresentam a mesma regra do exemplo anterior, basta inserir os dados das ramificações extras.
Obs. 2: O termo "benzeno" é escrito logo após o nome da última ramificação, sem espaço.

» Nomenclatura de haletos orgânicos

Nomenclatura de haletos orgânicos de cadeia normal acíclica e saturada

A nomenclatura dos haletos orgânicos de cadeia normal acíclica e saturada é similar àquela dos alcanos ramificados. A sequência de índices é estabelecida na cadeia principal a partir da extremidade mais próxima do halogênio.

Veja o exemplo:

Como o cloro está mais próximo da extremidade esquerda, a sequência de índices é iniciada da esquerda para a direita. Assim, tem-se a cadeia principal com quatro carbonos e o cloro ligado ao carbono 2, formando o 2-clorobutano.

Regra de nomenclatura de haletos orgânicos de cadeia normal, saturada, acíclica e com um halogênio:

| Índice do carbono ligado ao halogênio | – | Nome do halogênio | Prefixo associado ao número de carbonos da cadeia principal | ano |

Para haletos orgânicos com mais de um halogênio idêntico, deve-se utilizar o indicador de repetição. O halogênio mais próximo de uma das extremidades da cadeia principal define o início da numeração dos carbonos.

Veja o exemplo:

O haleto orgânico corresponde ao 1,3-dibromopentano.

Regra de nomenclatura de haletos orgânicos de cadeia normal, saturada, acíclica e com mais de um halogênio (idêntico):

Índices dos carbonos ligados aos halogênios, em ordem crescente separados por vírgula – Indicador de repetição – Nome do halogênio – Prefixo associado ao número de carbonos da cadeia principal – ano

Caso o haleto orgânico apresente mais de um halogênio, diferentes entre si, os dados de cada um devem ser organizados em ordem alfabética, mantendo as demais regras.

Veja o exemplo:

O haleto orgânico corresponde ao 3-bromo-1-cloropentano.

Regra de nomenclatura de haletos orgânicos de cadeia normal, saturada, acíclica com mais de um halogênio (diferentes entre si):

Índice vinculado ao halogênio considerando a ordem alfabética – Nome do respectivo halogênio – Índice vinculado ao halogênio considerando a ordem alfabética – Nome do respectivo halogênio – Prefixo associado ao número de carbonos da cadeia principal – ano

Nomenclatura de haletos orgânicos de cadeia acíclica, saturada e ramificada

Apesar de os halogênios serem os grupos funcionais dos haletos orgânicos, seu grau de importância é idêntico ao das ramificações ao estabelecer a sequência de índices.

Veja o exemplo:

O grupo etila está mais próximo da extremidade esquerda do que o iodo está da extremidade direita. Portanto, a sequência crescente de índices inicia na extremidade esquerda e o haleto orgânico é nomeado 3-etil-4-iodooctano.

Regra de nomenclatura de haletos orgânicos de cadeia ramificada, saturada e acíclica:

| Índice de ramificação ou do halogênio inicial considerando a ordem alfabética | – | Nome da ramificação com sufixo "il" ou do halogênio correspondente | – | Índice da ramificação ou do halogênio final considerando a ordem alfabética | – | Nome da ramificação com sufixo "il" ou do halogênio correspondente | Prefixo associado ao número de carbonos da cadeia principal | ano |

Obs.: Se o haleto orgânico apresentar mais de uma ramificação, basta acrescentar seus dados de acordo com o modelo.
Obs. 2: Se o haleto orgânico apresentar ramificações e/ou halogênios idênticos, emprega-se os identificadores de repetição como apresentado na nomenclatura de alcanos de cadeia ramificada.

Nomenclatura de haletos orgânicos de cadeia cíclica e saturada

A nomenclatura de haletos orgânicos de cadeia cíclica e saturada é similar à dos cicloalcanos.

Veja o exemplo:

O halogênio desta molécula é um átomo de iodo ligado ao carbono 1 da cadeia principal, então o composto é nomeado 1-iodociclopentano ou, simplesmente, iodociclopentano.

Regra de nomenclatura de haletos orgânicos de cadeia normal, cíclica e com um halogênio:

| Nome do halogênio | ciclo | Prefixo associado ao número de carbonos da cadeia principal | ano |

» Compostos oxigenados

Nomenclatura de alcoóis de cadeia normal, saturada, acíclica e com uma hidroxila

Os alcoóis são caraterizados pelo sufixo "ol". A posição da hidroxila determina qual extremidade da cadeia principal terá o menor índice.

Veja o exemplo:

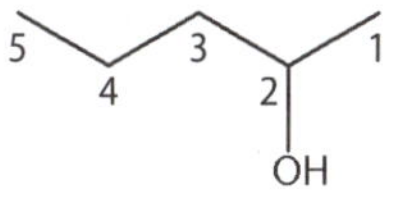

$$\overset{5}{\diagup}\overset{}{\diagdown}\underset{4}{}\overset{3}{\diagup}\underset{\underset{OH}{|}}{\overset{2}{\diagdown}}\overset{1}{\diagup}$$

Este álcool corresponde ao pentan-2-ol.

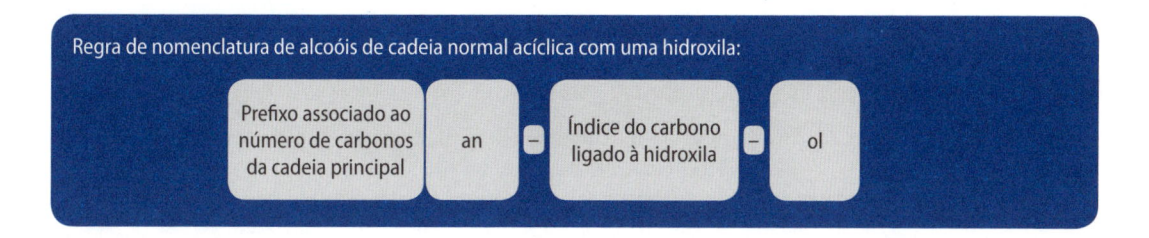

Regra de nomenclatura de alcoóis de cadeia normal acíclica com uma hidroxila:

| Prefixo associado ao número de carbonos da cadeia principal | an | – | Índice do carbono ligado à hidroxila | – | ol |

Nomenclatura de alcoóis de cadeia normal, saturada, acíclica e com mais de uma hidroxila

Quando um composto apresenta mais de uma hidroxila em sua cadeia principal, os índices dos carbonos serão determinados pela hidroxila mais próxima a uma das extremidades. Além disso, o termo "an" é substituído por "ano", todos os índices vinculados às hidroxilas são evidenciados e o termo "ol" é precedido pelo indicador de repetição di, tri, tetra, etc.

Veja o exemplo:

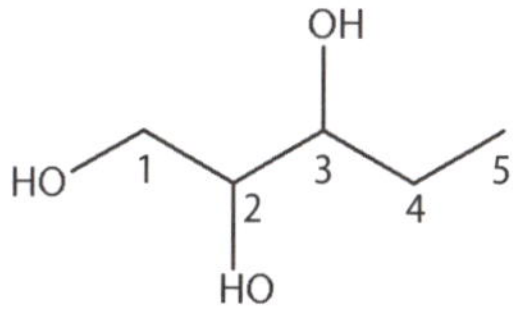

O álcool corresponde ao pentano-1,2,3-triol.

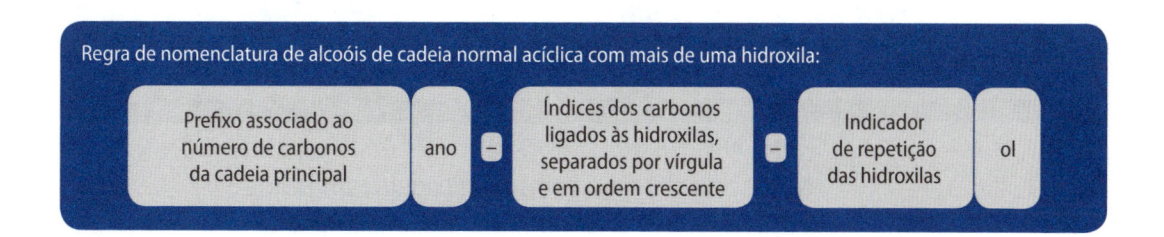

Regra de nomenclatura de alcoóis de cadeia normal acíclica com mais de uma hidroxila:

| Prefixo associado ao número de carbonos da cadeia principal | ano | – | Índices dos carbonos ligados às hidroxilas, separados por vírgula e em ordem crescente | – | Indicador de repetição das hidroxilas | ol |

Nomenclatura de alcoóis de cadeia normal, saturada e cíclica

Sua nomenclatura é similar à dos alcoóis acíclicos correspondentes. Se o álcool possuir apenas uma hidroxila, o carbono ligado a ela apresentará índice 1. Porém, como este valor é fixo, pode ser omitido. Além disso, o termo "ciclo" estará presente no início do nome.

Veja o exemplo:

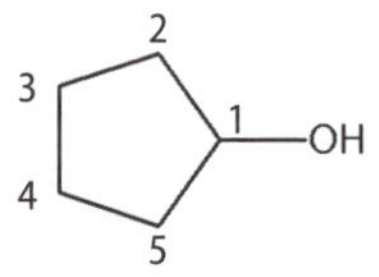

Este composto é o ciclopentan-1-ol ou, simplesmente, ciclopentanol.

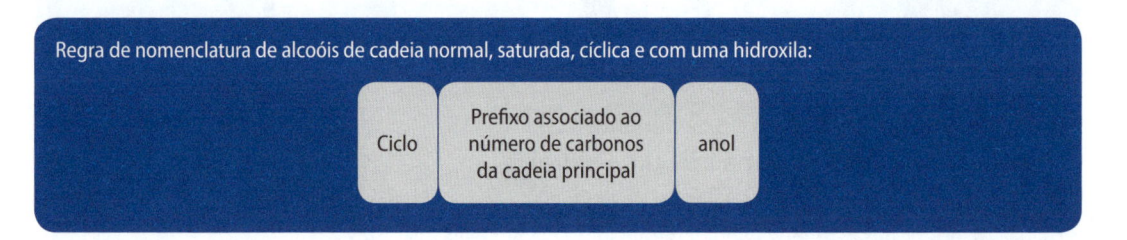

Regra de nomenclatura de alcoóis de cadeia normal, saturada, cíclica e com uma hidroxila:

| Ciclo | Prefixo associado ao número de carbonos da cadeia principal | anol |

E, se o álcool apresentar mais de uma hidroxila, seus índices serão estabelecidos de acordo com a menor sequência numérica. Veja o exemplo.

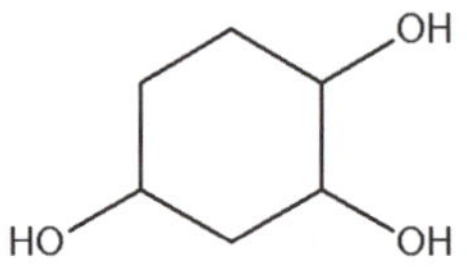

O álcool representado corresponde ao cicloexano-1,2,4-triol.

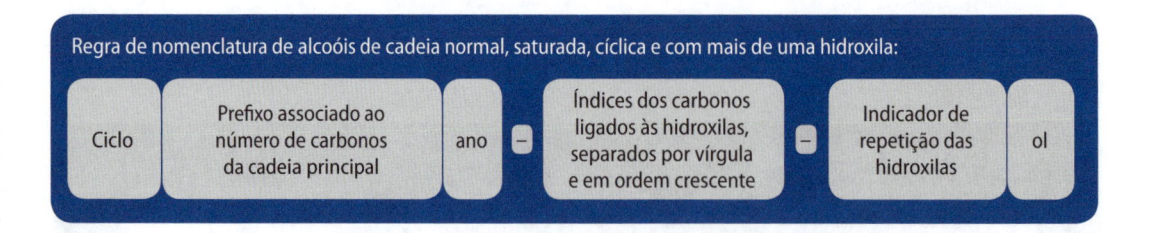

Regra de nomenclatura de alcoóis de cadeia normal, saturada, cíclica e com mais de uma hidroxila:

| Ciclo | Prefixo associado ao número de carbonos da cadeia principal | ano | – | Índices dos carbonos ligados às hidroxilas, separados por vírgula e em ordem crescente | – | Indicador de repetição das hidroxilas | ol |

Nomenclatura de alcoóis com cadeia ramificada

A nomenclatura de alcoóis de cadeia acíclica ramificada, saturada e com uma hidroxila é similar àquela de alcoóis de cadeia normal. A diferença é a presença dos dados das ramificações, organizados em ordem alfabética, no início do nome.

Veja o exemplo:

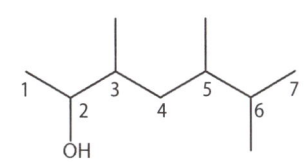

Este álcool corresponde ao 3, 5, 6-trimetileptan-2-ol.

> **» IMPORTANTE**
> A numeração da cadeia principal deve ser feita de modo que o carbono contendo a hidroxila seja o menor possível, independentemente da posição das ramificações.

Regra de nomenclatura de alcoóis de cadeia ramificada, saturada, acíclica e com uma hidroxila (ramificações idênticas):

Índices em ordem crescente da ramificação separados por vírgula — Indicador de repetição das ramificações — Nome da ramificação com sufixo "il" — Prefixo associado ao número de carbonos da cadeia principal — an — Índice do carbono ligado à hidroxila — ol

Regra de nomenclatura de alcoóis de cadeia ramificada, saturada, acíclica e com uma hidroxila (ramificações diferentes):

Índice de ramificação inicial considerando a ordem alfabética — Nome da ramificação correspondente com sufixo "il" — Índice da ramificação final considerando a ordem alfabética — Nome da ramificação correspondente com sufixo "il" — Prefixo associado ao número de carbonos da cadeia principal — an — Índice do carbono ligado à hidroxila — ol

No caso de alcoóis de cadeia mista, deve-se levar em conta a menor sequência de índices a partir da hidroxila. Tendo uma única hidroxila na estrutura, seu índice sempre será 1 e poderá ser omitido.

Veja o exemplo:

Este álcool corresponde ao 2-metilcicloexanol.

Regra de nomenclatura de alcoóis de cadeia mista saturada e com uma hidroxila:

Índice da ramificação – Nome da ramificação com sufixo "il" ciclo Prefixo associado ao número de carbonos da cadeia principal anol

Obs.: Tendo mais ramificações, basta inserir os dados das demais ramificações de acordo com a ordem alfabética.

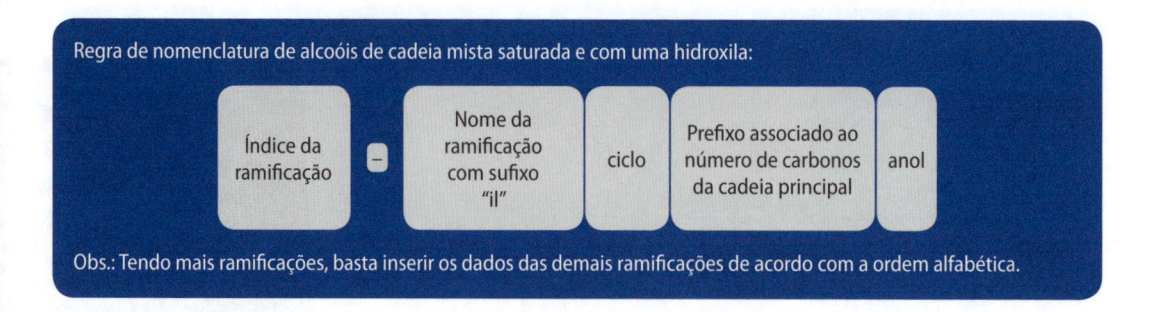

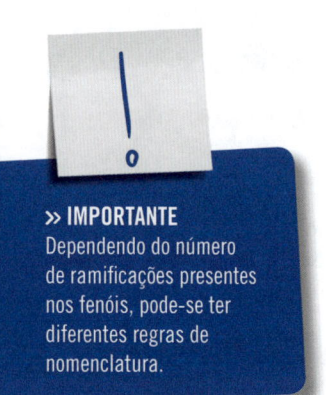

Nomenclatura de fenóis

Os fenóis apresentam nomenclatura simples, similar à estudada para os hidrocarbonetos aromáticos. Por conter uma hidroxila ligada diretamente no anel benzênico, há apenas um representante com um anel benzênico, sem ramificações: o próprio hidroxibenzeno (fenol). Outros fenóis com mais anéis benzênicos, não ramificados, também são comuns, como o 1-naftol e o 2-naftol.

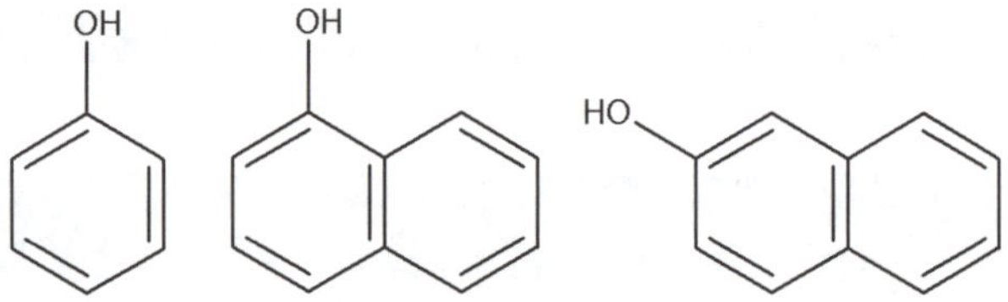

>> **IMPORTANTE**
Dependendo do número de ramificações presentes nos fenóis, pode-se ter diferentes regras de nomenclatura.

Fenol   1-naftol   2-naftol

Os fenóis com uma ramificação apresentam nomenclatura simples, derivada da nomenclatura de compostos aromáticos com um anel benzênico e duas ramificações. A hidroxila fenólica sempre será a referência (índice 1). A ramificação, por sua vez, deverá apresentar o menor índice em relação à hidroxila.

Veja o exemplo:

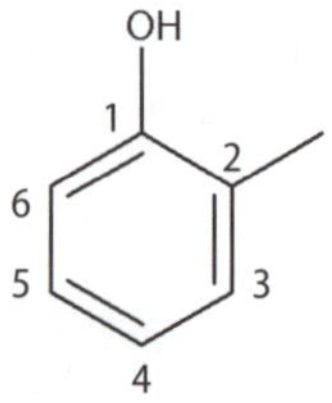

Esta molécula corresponde ao 2-metilfenol.

Regra de nomenclatura de fenóis com uma ramificação:

[Índice associado à ramificação] — [Nome da ramificação com sufixo "il"] [fenol]

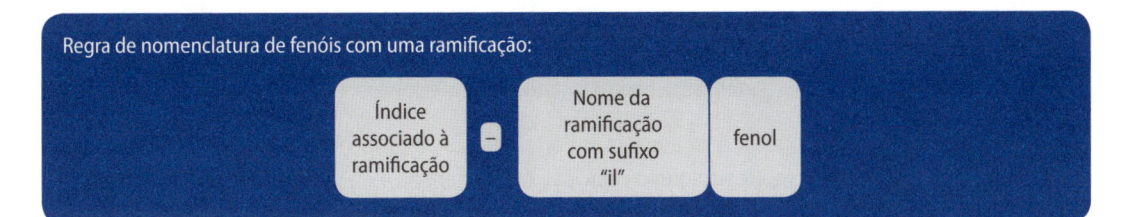

Assim como os hidrocarbonetos aromáticos com duas ramificações, os fenóis com uma ramificação podem empregar a nomenclatura *orto*, *meta* ou *para*. O 2-metilfenol, por exemplo, também é denominado como *o*-metilfenol.

Fenóis com mais de duas ramificações também apresentam o carbono da hidroxila com índice 1, a partir do qual deve se realizar a numeração da cadeia principal de modo a se obter a menor sequência de índices associada às ramificações. Os nomes das ramificações devem ser escritos em ordem alfabética.

Veja o exemplo:

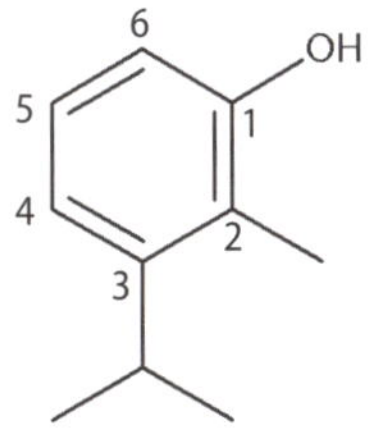

Este fenol corresponde ao 3-isopropil-2-metilfenol.

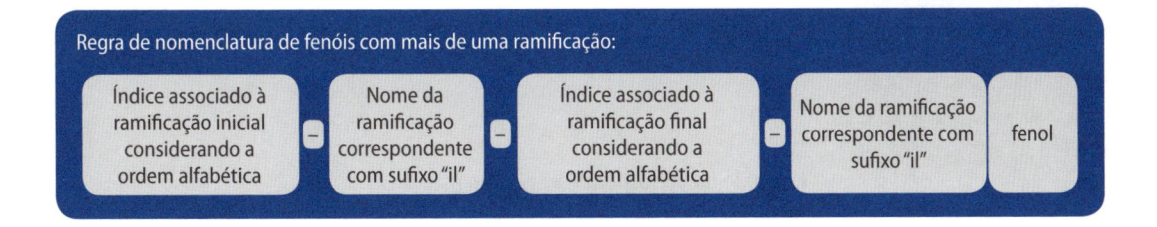

Regra de nomenclatura de fenóis com mais de uma ramificação:

[Índice associado à ramificação inicial considerando a ordem alfabética] — [Nome da ramificação correspondente com sufixo "il"] — [Índice associado à ramificação final considerando a ordem alfabética] — [Nome da ramificação correspondente com sufixo "il"] [fenol]

Nomenclatura de éteres de cadeia normal e acíclica

Na nomenclatura de éteres, deve-se considerar a cadeia em duas partes: grupo R-oxi e grupo principal. O grupo R-oxi é a cadeia carbônica ligada a um oxigênio, enquanto o grupo principal corresponde à cadeia principal de um hidrocarboneto. Para determinar quem é o grupo principal, verifica-se o seguinte:

- entre cadeias saturadas normais, a mais extensa é selecionada;
- entre uma cadeia saturada normal e uma cadeia insaturada normal de mesma extensão, a cadeia insaturada é selecionada.

Outra característica importante é que o grupo R-oxi determina a sequência de índices do grupo principal. A extremidade mais próxima a ele inicia a sequência.

Veja o exemplo:

1-propoxipentano

Regra de nomenclatura de éteres de cadeia normal, saturada e acíclica:

| Índice do grupo R-oxi como se fosse uma ramificação | – | Nome do grupo R-oxi como se fosse uma ramificação, com sufixo "oxi" | Nome do grupo principal como se fosse a cadeia principal de um alcano |

Obs.: Quando só há uma possibilidade de índice para o grupo R-oxi, é permitido omití-lo do nome do éter.

Nomenclatura de aldeídos de cadeia normal e saturada

Os aldeídos têm seu grupo funcional localizado em uma das extremidades da cadeia principal, determinando a sequência de índices. Esta classe é caracterizada pelo sufixo "al".

Veja o exemplo:

Este aldeído corresponde ao pentanal.

>> **IMPORTANTE**
Nos aldeídos, o grupo funcional sempre fica localizado em uma das extremidades da cadeia principal, e o índice do seu carbono é omitido do nome.

Regra de nomenclatura de aldeídos de cadeia normal e saturada:

| Prefixo associado ao número de carbonos da cadeia principal | anal |

Nomenclatura de aldeídos de cadeia ramificada e saturada

A nomenclatura de aldeídos de cadeia ramificada e saturada é similar à dos aldeídos de cadeia normal, com o acréscimo dos dados das ramificações no início do nome.

Veja o exemplo:

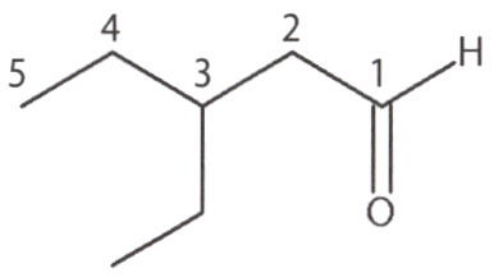

Este aldeído corresponde ao 3-etilpentanal.

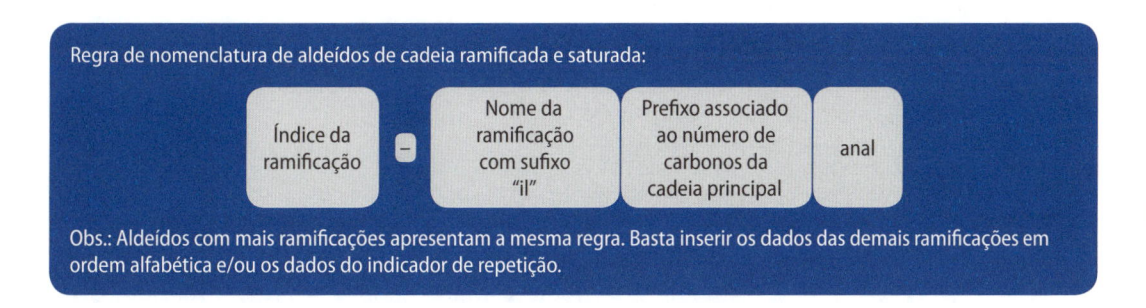

Regra de nomenclatura de aldeídos de cadeia ramificada e saturada:

| Índice da ramificação | – | Nome da ramificação com sufixo "il" | Prefixo associado ao número de carbonos da cadeia principal | anal |

Obs.: Aldeídos com mais ramificações apresentam a mesma regra. Basta inserir os dados das demais ramificações em ordem alfabética e/ou os dados do indicador de repetição.

Nomenclatura de cetonas de cadeia normal e saturada

Cetonas de cadeia normal e saturada apresentam nomenclatura simples, evidenciando apenas o índice do carbono da carbonila e os dados da cadeia principal. A sequência crescente de índices é elaborada com base na extremidade mais próxima da carbonila.

Veja o exemplo:

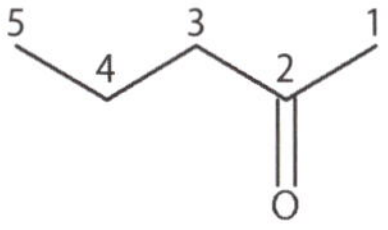

Esta cetona corresponde à pentan-2-ona.

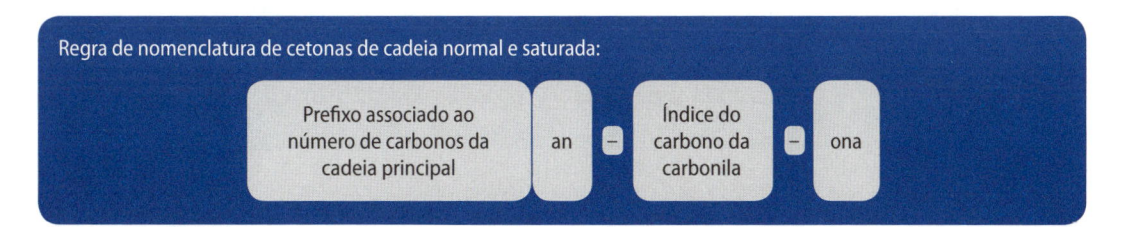

Regra de nomenclatura de cetonas de cadeia normal e saturada:

| Prefixo associado ao número de carbonos da cadeia principal | an | – | Índice do carbono da carbonila | – | ona |

Nomenclatura de cetonas de cadeia ramificada e saturada

A nomenclatura das cetonas de cadeia ramificada e saturada é similar à das cetonas de cadeia normal, com o acréscimo dos dados das ramificações.

Veja o exemplo:

Esta cetona corresponde à 3-metilpentan-2-ona.

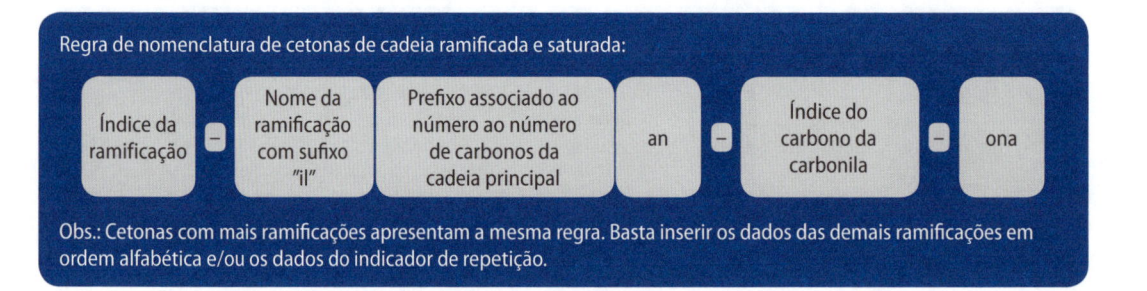

Regra de nomenclatura de cetonas de cadeia ramificada e saturada:

Índice da ramificação — Nome da ramificação com sufixo "il" — Prefixo associado ao número ao número de carbonos da cadeia principal — an — Índice do carbono da carbonila — ona

Obs.: Cetonas com mais ramificações apresentam a mesma regra. Basta inserir os dados das demais ramificações em ordem alfabética e/ou os dados do indicador de repetição.

Nomenclatura de ácidos carboxílicos de cadeia normal e saturada

A nomenclatura dos ácidos carboxílicos é semelhante à dos aldeídos. De modo geral, a nomenclatura é construída com os seguintes parâmetros:

- o termo "ácido",
- prefixo associado ao número de carbonos da cadeia principal,
- termo "an" relacionado à presença de ligações simples entre os carbonos; e
- sufixo "oico".

Veja o exemplo:

Esta ácido carboxílico corresponde ao ácido heptanoico.

> **Regra de nomenclatura de ácidos carboxílicos com cadeia normal e saturada:**
>
> [Ácido] [Prefixo associado ao número de carbonos da cadeia principal] [anoico]

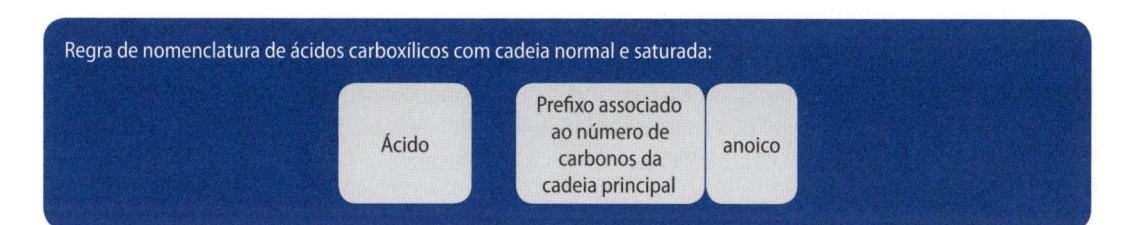

Nomenclatura de ácidos carboxílicos com cadeia ramificada e saturada

A nomenclatura dos ácidos carboxílicos de cadeia ramificada e saturada é similar à dos ácidos carboxílicos de cadeia normal, com o acréscimo dos dados das ramificações.

Veja o exemplo:

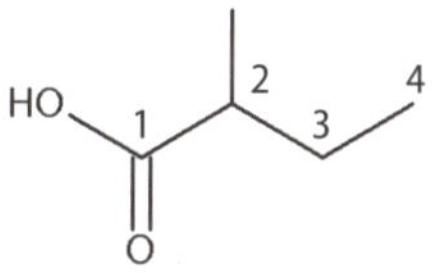

$$HO-\underset{O}{\underset{\|}{C}}_1-CH(CH_3)_2-CH_2{}_3-CH_3{}_4$$

Este ácido carboxílico corresponde ao ácido 2-metilbutanoico.

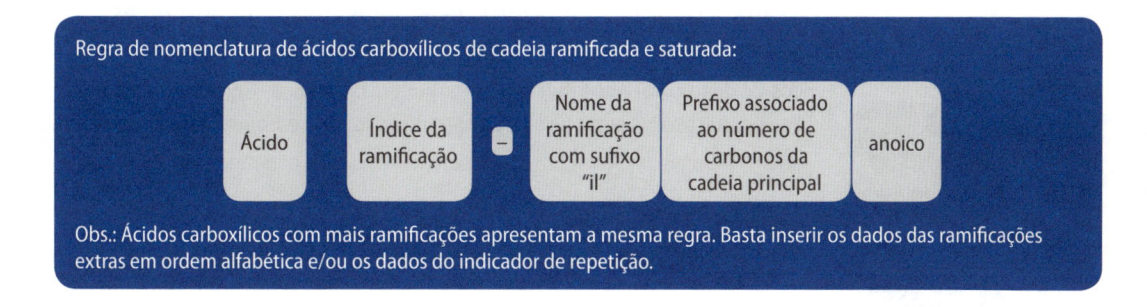

> **Regra de nomenclatura de ácidos carboxílicos de cadeia ramificada e saturada:**
>
> [Ácido] [Índice da ramificação] – [Nome da ramificação com sufixo "il"] [Prefixo associado ao número de carbonos da cadeia principal] [anoico]
>
> Obs.: Ácidos carboxílicos com mais ramificações apresentam a mesma regra. Basta inserir os dados das ramificações extras em ordem alfabética e/ou os dados do indicador de repetição.

Nomenclatura de ésteres de cadeia normal e saturada

Os ésteres apresentam nomenclatura mais elaborada, pois sua estrutura é organizada em duas partes:

- uma derivada de um ácido carboxílico, correspondendo à cadeia carbônica associada ao carbono do grupo funcional; e
- uma derivada de um álcool ou fenol, correspondendo à cadeia carbônica ligada diretamente ao átomo de oxigênio.

A parte derivada do ácido carboxílico tem terminação "ato", e a parte derivada do álcool, "ila".

> **IMPORTANTE**
> Ésteres são compostos orgânicos sintetizados de diferentes formas, sendo a reação entre um ácido carboxílico e um álcool um método clássico. A nomenclatura dos ésteres considera essa reação como referência.

A primeira parte do nome emprega o prefixo associado ao número de carbonos da cadeia derivada do ácido carboxílico, o termo "ano" (ligações simples entre os carbonos) e o termo "ato", caracterizando os ésteres. A segunda parte do nome utiliza o prefixo associado ao número de carbonos da cadeia derivada do álcool e o sufixo "ila", como se fosse uma ramificação.

Veja o exemplo:

Este éster corresponde ao etanoato de butila.

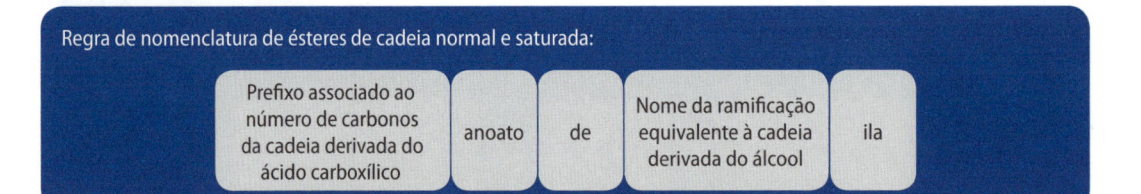

Regra de nomenclatura de ésteres de cadeia normal e saturada:

| Prefixo associado ao número de carbonos da cadeia derivada do ácido carboxílico | anoato | de | Nome da ramificação equivalente à cadeia derivada do álcool | ila |

Nomenclatura de anidridos de cadeias normais e idênticas

A nomenclatura de anidridos de cadeias normais e saturadas utiliza a sistemática dos ácidos carboxílicos de cadeia normal e saturada. As únicas diferenças são a substituição do termo "ácido" por "anidrido" e citar o nome desta cadeia uma única vez.

> **NO SITE**
> Confira as regras para nomenclatura de ésteres ramificados e de anidridos assimétricos no ambiente virtual de aprendizagem Tekne.

Veja o exemplo:

Este anidrido corresponde ao anidrido butanoico.

Regra de nomenclatura de anidridos de cadeias normais e idênticas

| Anidrido | Prefixo associado ao número de carbonos de uma das cadeias carbônicas | anoico |

Compostos nitrogenados

Nomenclatura de aminas primárias

Ao carbono diretamente ligado ao átomo de nitrogênio, atribui-se o número 1 e numera-se a cadeia com maior número de carbonos, que será considerada como cadeia principal. A menor cadeia obtida a partir do carbono que ausenta o grupo NH_2 será tratada como uma ramificação.

Veja o exemplo:

2-metilpropanamina   1-etilbutanamina

Regra de nomenclatura de aminas primárias:

| Índice da ramificação inicial considerando a ordem alfabética | – | Nome da ramificação inicial | – | Nome da cadeia principal | amina |

Obs.: Aminas primárias de cadeia normal apresentam uma sequência mais simples, composta pelo nome da cadeia principal seguido do sufixo amina, por exemplo, etanamina.

Nomenclatura de aminas secundárias e terciárias

Aminas secundárias e terciárias apresentam uma nomenclatura derivada das aminas primárias. Grosso modo, considera-se que os hidrogênios da amina primária são substituídos por novas ramificações, ou seja, N-ramificações.

Inicialmente, deve-se definir qual é a cadeia principal. Essa decisão leva em conta fatores como a maior extensão de cadeia ou a presença de ramificação ou insaturação em cadeias equivalentes.

Em seguida, para descrever os dados das cadeias consideradas N-ramificações, utiliza-se a letra N como índice. Ao final, os dados das ramificações são organizados em ordem alfabética, seguidos pelos dados da cadeia principal como se fosse uma amina primária.

Veja o exemplo:

N-etil-N-metilbutanamina   N-etil-1-isopropil-N-metilbutanamina

Nomenclatura de nitrilas de cadeia normal e saturada

As nitrilas têm nomenclatura simples, pois apresentam seu grupo funcional em uma das extremidades da cadeia principal. A estruturação da nomenclatura se dá pelo prefixo associado ao número de carbonos da cadeia principal, pelo termo "ano" (cadeia principal de alcanos) e pela terminação "nitrila", caracterizando a classe de compostos orgânicos.

Veja o exemplo:

$$\overset{2}{CH_3}-\overset{1}{CN}$$

Esta nitrila corresponde à etanonitrila.

Regra de nomenclatura de nitrilas de cadeia normal e saturada:

| Prefixo associado ao número de carbonos da cadeia principal | ano | nitrila |

» Compostos oxinitrogenados

Nomenclatura de amidas de cadeia normal e saturada

Assim como os ésteres, as amidas apresentam uma nomenclatura mais elaborada, pois sua estrutura é organizada em duas partes:

- cadeia derivada de um ácido carboxílico, correspondendo à cadeia carbônica associada ao carbono do grupo funcional; e
- grupo derivado da amônia (NH_3), podendo apresentar ou não cadeias carbônicas ligadas ao átomo de nitrogênio. Por questões práticas, tais cadeias serão denominadas N-ramificações.

Além disso, define-se como cadeia principal a sequência de carbonos derivada do ácido carboxílico.

As amidas de cadeia normal e saturada não apresentam N-ramificações, logo, sua nomenclatura é formada pelos dados da cadeia principal, pelo termo "an" (ligações simples entre os carbonos da cadeia principal) e pelo termo "amida".

> » **IMPORTANTE**
> Amidas são compostos orgânicos sintetizados de diferentes formas, sendo empregada como referência a reação entre um ácido carboxílico e a amônia ou aminas.

Veja o exemplo:

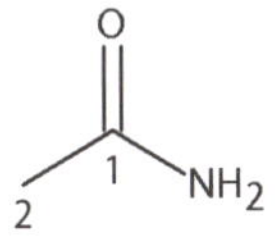

$$CH_3-C(=O)-NH_2$$

A amida corresponde à etanamida.

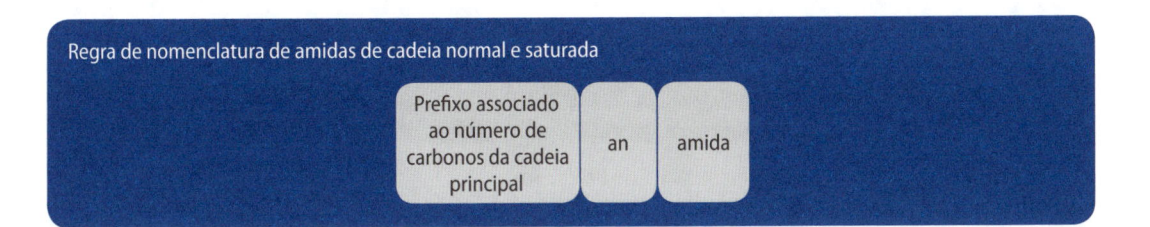

Regra de nomenclatura de amidas de cadeia normal e saturada

| Prefixo associado ao número de carbonos da cadeia principal | an | amida |

Nomenclatura de amidas de cadeia ramificada e saturada

Suponha que existam ramificações e N-ramificações na amida. A nomenclatura é similar à de amidas de cadeia normal, com o acréscimo dos dados das N-ramificações e das ramificações da cadeia principal, respectivamente. Como as N-ramificações estão ligadas diretamente ao átomo de nitrogênio, que não faz parte da cadeia principal, seus índices são representados pela letra N.

Veja o exemplo:

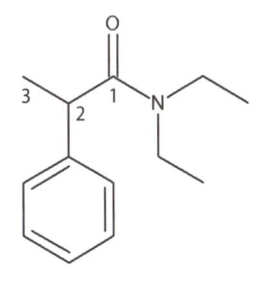

(estrutura: 2-fenilpropanamida com N,N-dietil)

Esta amida corresponde à N,N-dietil-2-fenilpropanamida.

> » **DICA**
> Se a amida apresentar N-ramificações, mas a cadeia principal for normal, basta usar as regras de nomenclatura de cadeias ramificadas e saturadas sem considerar as ramificações da cadeia principal.

Regra de nomenclatura de amidas de cadeia ramificada e saturada, sem N-ramificações:

| Índice associado à ramificação | – | Nome da ramificação com sufixo "il" | Prefixo associado ao número de carbonos da cadeia principal | an | amida |

Obs.: Amidas com mais ramificações utilizam a mesma regra. Basta inserir os dados das ramificações extras em ordem alfabética e/ou os dados do indicador de repetição.

Regra de nomenclatura de amidas de cadeia ramificada e saturada, com uma N-ramificação:

N – Nome da N-ramificação com sufixo "il" – Índice associado à ramificação – Nome da ramificação com sufixo "il" – Prefixo associado ao número de carbonos da cadeia principal – an – amida

Obs.: Amidas com mais ramificações na cadeia principal utilizam a mesma regra. Basta inserir os dados das ramificações extras em ordem alfabética e/ou os dados do indicador de repetição.

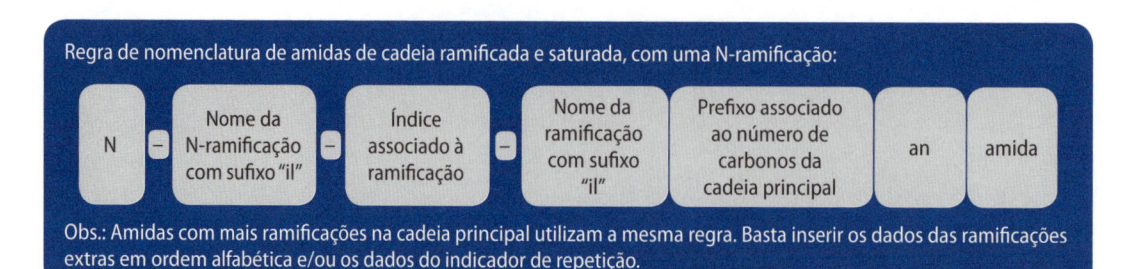

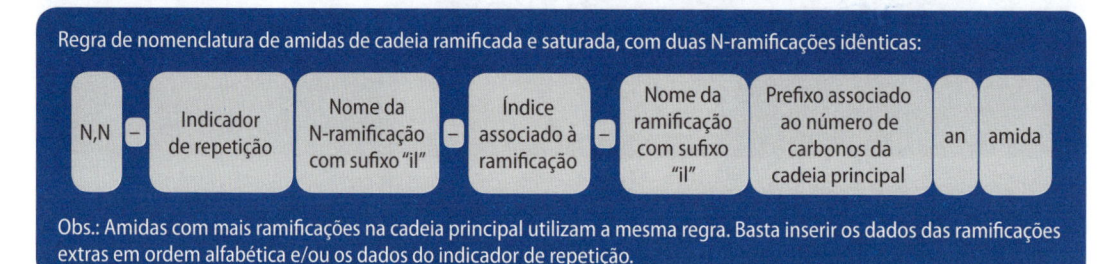

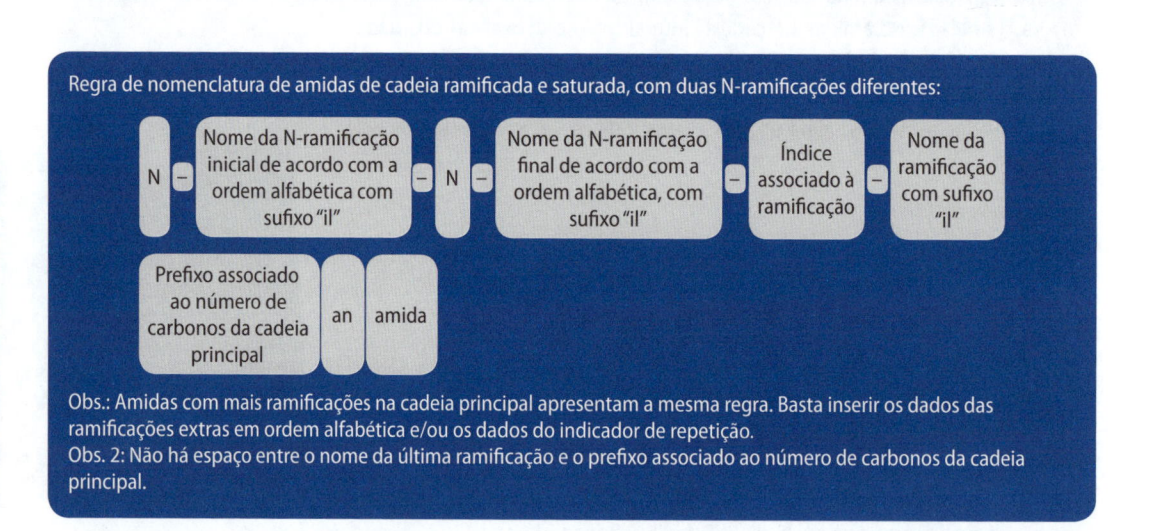

Regra de nomenclatura de amidas de cadeia ramificada e saturada, com duas N-ramificações idênticas:

N,N – Indicador de repetição – Nome da N-ramificação com sufixo "il" – Índice associado à ramificação – Nome da ramificação com sufixo "il" – Prefixo associado ao número de carbonos da cadeia principal – an – amida

Obs.: Amidas com mais ramificações na cadeia principal utilizam a mesma regra. Basta inserir os dados das ramificações extras em ordem alfabética e/ou os dados do indicador de repetição.

Regra de nomenclatura de amidas de cadeia ramificada e saturada, com duas N-ramificações diferentes:

N – Nome da N-ramificação inicial de acordo com a ordem alfabética com sufixo "il" – N – Nome da N-ramificação final de acordo com a ordem alfabética, com sufixo "il" – Índice associado à ramificação – Nome da ramificação com sufixo "il" – Prefixo associado ao número de carbonos da cadeia principal – an – amida

Obs.: Amidas com mais ramificações na cadeia principal apresentam a mesma regra. Basta inserir os dados das ramificações extras em ordem alfabética e/ou os dados do indicador de repetição.
Obs. 2: Não há espaço entre o nome da última ramificação e o prefixo associado ao número de carbonos da cadeia principal.

Nomenclatura de nitrocompostos

Os nitrocompostos também apresentam seu grupo funcional em uma das extremidades da cadeia principal. Deste modo, basta citar o termo "nitro" e descrever a cadeia principal como se fosse um hidrocarboneto.

Veja o exemplo:

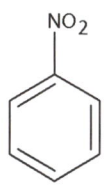

$$\text{C}_6\text{H}_5\text{NO}_2$$

Este nitrocomposto corresponde ao nitrobenzeno.

Regra de nomenclatura de nitrocompostos de cadeia normal e saturada:

| Nitro | Nome da cadeia principal como se fosse um hidrocarboneto |

❯❯ Nomenclatura de compostos sulfurados: ácidos sulfônicos de cadeia saturada

Assim como os ácidos carboxílicos, sua nomenclatura inicia com o termo "ácido", utilizando em seguida os dados da cadeia principal como se fosse um hidrocarboneto e finalizando com o termo "ssulfônico".

Veja o exemplo:

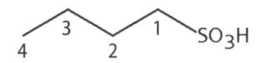

$$\underset{4}{C}-\underset{3}{C}-\underset{2}{C}-\underset{1}{C}-SO_3H$$

Este ácido sulfônico corresponde ao ácido butanossulfônico.

> ❯❯ **NO SITE**
> No ambiente virtual de aprendizagem Tekne, você encontra outros exemplos de nomenclatura associados a cadeias mais complexas.

Regra de nomenclatura de ácidos sulfônicos de cadeia normal e saturada:

| Ácido | Nome da cadeia principal como se fosse um hidrocarboneto | ssulfônico |

≫ A nomenclatura IUPAC no cotidiano

≫ PARA REFLETIR

Será que todo o profissional que lida com produtos químicos conhece, em profundidade, estas regras? Será que os compostos químicos que apresentam interesse comercial são encontrados, no mercado, por seu nome IUPAC?
Estas são perguntas pertinentes, haja vista a extensão e a complexidade que a nomenclatura IUPAC de uma molécula mais complexa pode assumir.

Todo profissional que tenha estudado química deve conhecer tais regras, mas nem todo o profissional que lida com produtos químicos é necessariamente da área. Por exemplo: o proprietário de uma empresa de produtos químicos provavelmente é um administrador, não um químico. Um juiz que julga causas envolvendo danos ambientais também não é um químico.

Tanto no meio comercial quanto no científico, quando um grupo lida rotineiramente com uma substância, é comum criar para esta uma sigla ou uma abreviatura baseada na sua nomenclatura IUPAC ou na origem natural da substância. Tal abreviatura ou sigla é clara para estes profissionais, mas não permite chegar à estrutura da substância pela decodificação das regras implícitas na nomenclatura, como ocorre com a utilização da nomenclatura IUPAC. Mas tal maneira de "simplificar" a nomenclatura IUPAC facilita a execução de transações comerciais que envolvem o produto e permite a pessoas leigas reconhecer um produto químico sem a necessidade de estudar sua nomenclatura.

Na Tabela 2.4 procurou-se exemplificar como a simplificação da nomenclatura IUPAC levou à denominação usual de alguns produtos orgânicos de nosso cotidiano.

Tabela 2.4 » Compostos de uso comercial e suas denominações mais comuns

Estrutura	Nomenclatura IUPAC	Sigla (Nome comum)	Presença no cotidiano
	1,1-dicloro-1,1-difluormetano	CFC (clorofluorcarboneto)	Poluentes ambientais responsáveis pela intensificação do dano à camada de ozônio
	1,1,1-tricloro-2,2-bis(4-clorofenil)etano	DDT	Pesticida empregado em lavouras que causa sérios danos ambientais
	dimetilsulfóxido	DMSO	Solvente orgânico polar aprótico, muito utilizado em pesquisas
	1,1-dimetil-1-metoxietano	MTBE (éter metil-terc-butílico)	Éter adicionado a combustíveis para aumentar sua octanagem
	2,6-diterc-butil-4-metilfenol	BHT (hidroxitolueno butilado)	Conservante de alimentos empregado em alimentos industrializados
	–	PVC (cloreto de polivinila)	Polímero utilizado na fabricação de canos para a construção civil
	–	PET (polietileno)	Polímero utilizado na fabricação de embalagens para alimentos
	–	Teflon (politetrafluoretano)	Polímero utilizado como revestimento antiaderente em panelas e formas

Agora é a sua vez!

1. Classifique os carbonos de cada substância de acordo com o número de cadeias carbônicas ligadas e quanto ao tipo de ligação covalente.

   (a) (b) (c) (d)
   (e) (f) (g) (h)

2. Classifique as cadeias quanto à presença de heteroátomos, insaturações, ramificações, ciclos e presença de anéis aromáticos.

   (a) (b) (c) (d)
   (e) (f) (g) (h)

3. Proponha quatro estruturas químicas de fórmula molecular $C_5H_{12}O$ cujas cadeias carbônicas sejam classificadas como homogêneas, saturadas, ramificadas e acíclicas.
4. Proponha três estruturas químicas de fórmula molecular C_7H_9O e evidencie os respectivos nomes segundo as regras da IUPAC.
5. Escreva os nomes das substâncias a seguir de acordo com as regras da IUPAC:

   (a) (b) (c) (d)

Agora é a sua vez!

(e)   (f)   (g)   (h)

6. Represente as estruturas de todos os hidrocarbonetos possíveis de fórmula molecular C_5H_{10} e escreva seus nomes de acordo com as regras da IUPAC.
7. Represente a estrutura química do alcano cujo carbono central está ligado a quatro cadeias carbônicas diferentes, de menor extensão possível. Por fim, escreva seu nome de acordo com a regra da IUPAC.
8. Ilustre as estruturas químicas dos seguintes compostos orgânicos:

   a) 3,3-difenilpentanonitrila
   b) *o-iso*butil-*sec*butilbenzeno
   c) Ácido benzenossulfônico
   d) Metanoato de benzila
   e) N-alil-N-fenil-2-*iso*propilbutanamida
   f) 1,2-epoxipentano
   g) Cicloexoxibenzeno
   h) Anidrido heptanoico
   i) 1,3,5-trinitrobenzeno

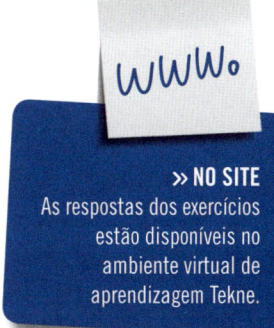

>> NO SITE
As respostas dos exercícios estão disponíveis no ambiente virtual de aprendizagem Tekne.

capítulo 3

Isomeria

Mesmo para as substâncias que apresentam fórmulas moleculares idênticas, o arranjo dos átomos pode variar, originando compostos distintos. O estudo dessas substâncias está relacionado à isomeria. Neste capítulo serão apresentados os isômeros constitucionais e os estereoisômeros, que se relacionam, respectivamente, às variações de conectividade (ordem de ligação) e orientação espacial de átomos (ou grupos) nas estruturas moleculares.

Objetivos de aprendizagem

» Identificar os isômeros constitucionais e classificá-los como de posição, de cadeia e de função, bem como os tautômeros e os metâmeros.

» Representar os estereoisômeros utilizando a fórmula tridimensional de cunha – cunha tracejada – linha, definindo, dessa forma, as orientações espaciais dos átomos ou grupos presentes na molécula.

» Identificar os isômeros geométricos seguindo os perfis apresentados, esboçá-los e utilizar a devida nomenclatura.

» Distinguir os isômeros ópticos com base em sua estrutura tridimensional e conhecer a propriedade que lhe é exclusiva: a atividade óptica.

Compostos orgânicos distintos podem apresentar os mesmos átomos com igual quantidade. Esse padrão os define como isômeros, e a representação dos átomos com suas quantidades é conhecida como fórmula molecular. Por exemplo, a propanona e o propanal são isômeros, pois ambos possuem três carbonos, seis hidrogênios e um oxigênio, sendo sua fórmula molecular expressa da seguinte forma: C_3H_6O.

Há dois tipos de isomeria. Uma é definida pela ordem de ligação (**isomeria constitucional**) e a outra é definida pelo arranjo tridimensional do composto (**estereoisomeria**).

Isomeria constitucional

> **DEFINIÇÃO**
> Isômeros são substâncias distintas que apresentam a mesma fórmula molecular.

A isomeria constitucional está relacionada a diferenças na conectividade (ou ordem de ligação) entre átomos, grupos ou cadeias de substâncias com a mesma fórmula molecular. De modo geral, ela é organizada em cinco subgrupos:

- Posição
- Cadeia
- Função
- Tautomeria
- Metameria

Isomeria de posição

Isômeros de posição são substâncias que possuem a mesma estrutura das cadeias carbônicas e pertencem à mesma função orgânica, porém grupos funcionais ou ramificações ligados em posições diferentes na cadeia.

Veja os exemplos:

1-clorobutano (C_4H_9Cl)

2-clorobutano (C_4H_9Cl)

o-metilfenol (C_7H_8O)

m-metilfenol (C_7H_8O)

O 1-clorobutano e o 2-clorobutano apresentam fórmula molecular e cadeias principais idênticas, porém o átomo de cloro está ligado em posições diferentes na cadeia principal. Já *o*-metilfenol e *m*-metilfenol apresentam ramificações em posições distintas.

» Isomeria de cadeia

Isômeros de cadeia são substâncias que pertencem à mesma função orgânica, mas apresentam diferentes tipos de cadeia, como, por exemplo, cadeia normal e cadeia ramificada.

Veja os exemplos:

Hexan-1-ol
($C_6H_{14}O$)

2,3-dimetilbutan-1-ol
($C_6H_{14}O$)

O hexan-1-ol e o 2,3-dimetilbutan-1-ol são isômeros de cadeia, pois o primeiro possui cadeia carbônica normal, e o segundo, cadeia carbônica ramificada.

» Isomeria de função

Isômeros de função são substâncias cuja diferença de conectividade leva a compostos pertencentes a funções químicas diferentes.

Veja os exemplos:

Butan-1-ol
($C_4H_{10}O$)

Etoxietano
($C_4H_{10}O$)

Etanoato de etila
($C_4H_8O_2$)

Ácido butanoico
($C_4H_8O_2$)

O butan-1-ol e o etoxietano são substâncias com a mesma fórmula molecular, porém pertencem a diferentes funções orgânicas: álcool e éter, respectivamente. O etanoato de etila e o ácido butanoico também apresentam isomeria de função, sendo o primeiro um éster e, o segundo, um ácido carboxílico.

» Tautomeria

A tautomeria, ou tautomerismo, é vista como um tipo especial de isomeria de função, ocorrendo com o equilíbrio dinâmico da conversão de cetonas em enóis, ou vice-versa (tautomeria cetoenólica), ou quando aldeídos se convertem em enóis, ou vice-versa (tautomeria aldoenólica).

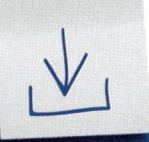

> » **DEFINIÇÃO**
> Enóis são compostos orgânicos oxigenados que apresentam sua hidroxila (grupo funcional) ligada a um carbono insaturado (C=C). Veja o prop-1-en-2-ol:

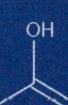

Veja os exemplos:

Propanona ⇌ Prop-1-en-2-ol
(C_3H_6O)   (C_3H_6O)

Propanal ⇌ Prop-1-en-1-ol
(C_3H_6O)   (C_3H_6O)

A propanona e o prop-1-en-2-ol são tautômeros, pois correspondem a uma cetona e um enol interconversíveis via reações químicas denominadas rearranjo, respectivamente, com a mesma fórmula molecular. Já o propanal e o prop-1-en-1-ol correspondem a um aldeído e a um enol também interconversíveis via rearranjo, respectivamente, com a mesma fórmula molecular.

» Metameria

A metameria é uma isomeria constitucional cujos isômeros apresentam seu heteroátomo em posições diferentes dentro da cadeia carbônica.

Veja os exemplos:

Metoxipropano   Etoxietano   N,N-dimetilbutanamina   N-etil-N-metilpropanamina
($C_4H_{10}O$)   ($C_4H_{10}O$)   ($C_6H_{15}N$)   ($C_6H_{15}N$)

Os éteres e as aminas desses exemplos têm seus carbonos marcados com letras como um recurso didático para a compreensão da isomeria.

Note que o oxigênio do metoxipropano está entre os carbonos "c" e "d", ao passo que no etoxietano, está entre os carbonos "b" e "c". Como o oxigênio está em uma posição diferente e é o heteroátomo dos dois compostos, têm-se dois metâmeros.

O mesmo é observado para a N,N-dimetilbutanamina e a N-etil-N-metilpropanamina. O nitrogênio é o heteroátomo das duas aminas e está em posição distinta em cada composto: entre os carbonos "a" e "b" na primeira, e "b" e "c" na segunda.

>> Estereoisomeria

Estereoisômeros são substâncias que possuem a mesma fórmula molecular e têm os átomos ligados na mesma sequência, porém diferem no arranjo espacial desses átomos ou grupos.

>> Fórmula estrutural de cunha – cunha tracejada – linha

O Capítulo 1 apresentou algumas fórmulas estruturais úteis para a representação dos compostos orgânicos. Porém, a representação da estereoquímica das moléculas mais adiante necessita de uma representação tridimensional das fórmulas estruturais, denominada cunha – cunha tracejada – linha.

Imagine a molécula de metano. Ao desenhá-la empregando qualquer fórmula estrutural do Capítulo 1, não é possível saber a orientação espacial dos hidrogênios ligados ao carbono.

$$\begin{array}{ccc} \text{H} & \text{H} & \\ \text{H} \cdots \text{C} \cdots \text{H} & \text{H}-\text{C}-\text{H} & CH_4 \\ \text{H} & \text{H} & \\ \text{Pontos} & \text{Traço} & \text{Condensada} \end{array}$$

Ao empregar a fórmula tridimensional de cunha – cunha tracejada – linha, é possível obter as orientações espaciais dos átomos ou grupos ligados aos carbonos.

Sua representação é relativamente simples, empregando três padrões para as ligações covalentes:

a) Cunha, cuja ligação é representada mais larga e escura. Indica que a ligação está à frente do plano da página.
b) Cunha tracejada, cuja ligação é representada como um conjunto de traços finos paralelos. Indica que a ligação está atrás do plano da página.
c) Linha, vista na fórmula estrutural de linha de ligação. Indica que a ligação está no plano da página.

Veja como a molécula de metano é representada:

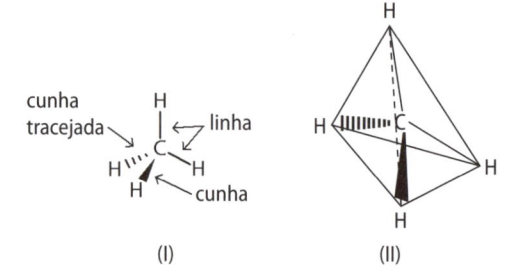

(I)   (II)

A estrutura I equivale a uma molécula de metano com duas ligações covalentes no plano da página (linhas), uma à frente do plano (cunha) e outra atrás (cunha tracejada). Note que a estrutura II apresenta os mesmos desenhos das ligações covalentes comparados à orientação espacial dos vértices de um tetraedro. Desta forma, constata-se que as quatro ligações covalentes se orientam no espaço em direção aos referidos vértices.

❯❯ Isomeria geométrica

Os isômeros geométricos são estereoisômeros que diferem no arranjo espacial dos átomos, ou grupo de átomos, com relação a um plano de referência.

Este tipo de isomeria pode ocorrer em compostos com ligação dupla entre carbonos e/ou em compostos com cadeia carbônica cíclica. O que determina a existência desse tipo de isômero é a rigidez da ligação dupla e do anel, não permitindo o giro livre dos átomos ou grupos ligados diretamente a eles.

Veja o exemplo:

Note que os grupos ligados ao carbono 2 apresentam orientação espacial diferente nas duas moléculas. Se o carbono 2 pudesse girar livremente em torno do eixo da ligação dupla, tais grupos ora estariam orientados como no primeiro alqueno ora estariam como no segundo. Isso configuraria uma única molécula, em vez de dois isômeros geométricos.

No caso das cadeias cíclicas, temos de considerar o impedimento que o ciclo impõe ao giro livre das ligações covalentes entre os carbonos.

Veja o exemplo:

Em ambas as moléculas há uma hidroxila e um grupo metila ligados a cada um dos carbonos 1 e 2, mas o arranjo espacial dos grupos ligados ao carbono 1 é diferente. O ciclo evita que os carbonos da estrutura girem livremente, impedindo que os grupos hidroxila e metila alternem sua orientação no espaço.

Agora que os isômeros geométricos foram apresentados, serão abordados seus critérios de identificação e suas regras de nomenclatura.

Identificação e nomenclatura de isômeros geométricos

Um composto orgânico apresentará isomeria geométrica se vinculado a um dos perfis a seguir:

Onde: R_1 deve ser diferente de R_2 e R_3 deve ser diferente de R_4.

Uma vez satisfeitas as condições, a próxima etapa corresponde ao desenho das estruturas dos isômeros geométricos e sua nomenclatura.

- Distinção entre os isômeros geométricos

Há dois sistemas utilizados para distinguir isômeros geométricos: *cis/trans* ou *E/Z*. O sistema *cis/trans* deve ser empregado em alquenos dissubstituídos quando R_1 ou R_2 corresponder a um átomo de hidrogênio e, ao mesmo tempo, R_3 ou R_4 corresponder a outro átomo de hidrogênio.

>> **IMPORTANTE**
- As cadeias cíclicas podem ser constituídas por anéis de números diferentes de carbono.
- Nos ciclos, os carbonos estereogênicos não precisam necessariamente ser vizinhos.

>> **DEFINIÇÃO**
Alquenos podem ser classificados como não substituídos, monossubstituídos, dissubstituídos, trissubstituídos e tetrassubstituídos. Para tanto, basta contabilizar quantas cadeias carbônicas estão ligadas aos carbonos da ligação dupla. Exemplo: o but-1-eno é classificado como monossubstituído, pois apenas o carbono 2 da ligação dupla está ligado a uma cadeia carbônica. Obs.: o eteno é o único alqueno não substituído.

Veja o exemplo:

(I)

O alqueno (I) pode ser classificado segundo o sistema *cis/trans*, pois tem um hidrogênio ligado a cada carbono da ligação dupla.

Para alquenos tri ou tetrassubstituídos, deve-se empregar o sistema *E/Z*.

Veja o exemplo:

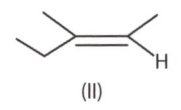

(II)

>> **CURIOSIDADE**

O sistema *E/Z* pode ser utilizado nos mesmos casos em que se utiliza o sistema *cis/trans*, mas a recíproca não é verdadeira.

O alqueno (II) também é um isômero geométrico, porém sua nomenclatura é *E/Z*, pois nem todos os carbonos da ligação dupla estão ligados diretamente a um átomo de hidrogênio.

Para definir se o estereoisômero geométrico é *E* ou *Z*, deve-se inicialmente estabelecer a ordem de prioridade dos grupos ligados a cada carbono da dupla e comparar R_1 com R_2 e, depois, R_3 com R_4. Em cada comparação, o grupo que apresentar o carbono em análise diretamente ligado ao átomo de carbono insaturado com maior número atômico terá prioridade.

Veja o exemplo:

O but-2-eno é um isômero geométrico. Os grupos ligados ao carbono "b" são comparados inicialmente. O carbono "b" está ligado diretamente a um átomo de hidrogênio e a um carbono "a". O mesmo acontece com o carbono "c", que está diretamente ligado a um átomo de hidrogênio e a um carbono "d". Assim, os grupos de maior prioridade em cada caso são, coincidentemente, as metilas.

Caso um dos carbonos da dupla esteja diretamente ligado a dois átomos de carbono, ou seja, aconteça um empate, deve-se avaliar o átomo vizinho. A avaliação dos átomos vizinhos deve prosseguir até ocorrer o desempate.

Veja o exemplo:

O 3-metilex-3-eno também é um isômero geométrico. O carbono "c" está ligado diretamente a dois carbonos: "m" e "b". Como ambos possuem o mesmo número atômico, serão avaliados os próximos átomos diretamente ligados a eles. O carbono "m" tem três hidrogênios vizinhos. Já o carbono "b" tem dois hidrogênios e um carbono. Como o conjunto de números atômicos dos vizinhos do carbono "b" é maior do que o conjunto dos vizinhos de "m", o grupo contendo o carbono "b" apresenta maior prioridade (identificada com um retângulo).

Ao comparar os átomos ligados diretamente ao carbono "d", observa-se um hidrogênio e o carbono "e". Como o carbono apresenta maior número atômico do que o hidrogênio, a cadeia carbônica corresponde ao grupo de maior prioridade (identificada com um retângulo).

Mas, e se os átomos comparados apresentarem ligação dupla ou tripla? Como proceder?

Neste caso, será necessário fazer uma adaptação. Se o átomo apresentar uma ligação dupla com o vizinho, considere que ele está realizando duas ligações simples com o referido átomo. Em uma tripla ligação, considere três ligações simples, assim, é como se existissem dois carbonos ligados no primeiro caso e três no segundo.

Veja o exemplo:

Este alqueno é um isômero geométrico. Quando comparados, os grupos marcados com um retângulo mostraram maior prioridade. No caso dos átomos ligados diretamente ao carbono "c", há dois carbonos idênticos, porém um dos carbonos, "b", faz ligação dupla com seu vizinho, "a". Para interpretar, em termos de prioridade, o significado da dupla ligação na comparação entre os átomos, considera-se que o carbono "b" está fazendo duas ligações simples com o carbono "a" e que este está fazendo duas ligações simples com o carbono "b" (observe a estrutura à direita).

Assim, ao comparar os carbonos "b" e "m" em busca da maior prioridade, observa-se que o carbono "b" está ligado a dois carbonos e a um hidrogênio, enquanto o carbono "m" está ligado a um carbono e a dois hidrogênios.

Como o conjunto de números atômicos é maior para o carbono "b", ele apresenta maior prioridade.

No caso dos grupos ligados ao carbono "d", tem-se o mesmo comportamento do exemplo anterior.

Agora, com o conhecimento da determinação dos grupos de maior prioridade, o próximo passo é saber se o isômero é *cis*, *trans*, *E* ou *Z*. No caso de alquenos, traça-se um plano imaginário que passa ao longo da dupla ligação, dividindo a molécula em duas metades. Caso os grupos de maior prioridade estejam no mesmo lado, temos a geometria *cis* ou *Z*. Caso os grupos estejam em lados opostos, temos a geometria *trans* ou *E*. O mesmo vale para os ciclos, só que o plano deve passar sobre a ligação que une os átomos ou grupos de interesse. Observe os exemplos a seguir:

cis:

Onde: R_1 ou R_2 não correspondem a um átomo de hidrogênio.
Obs.: R_1 e R_2 podem ser iguais ou diferentes;
Obs. 2: Veja que os grupos de maior prioridade estão do mesmo lado.

trans:

Onde: R_1 ou R_2 não correspondem a um átomo de hidrogênio.
Obs.: R_1 e R_2 podem ser iguais ou diferentes;
Obs. 2: Veja que os grupos de maior prioridade estão em lados opostos.

Z:

Onde: R_1 tem maior prioridade do que R_2, e R_3 tem maior prioridade do que R_4.
Obs.: Veja que os grupos de maior prioridade estão do mesmo lado;
Obs. 2: No máximo, um dos grupos R corresponde a um hidrogênio.

E:

Onde: R_1 tem maior prioridade do que R_2, e R_3 tem maior prioridade do que R_4.
Obs.: Veja que os grupos de maior prioridade estão em lados opostos;
Obs. 2: No máximo, um dos grupos R corresponde a um hidrogênio.

> **» IMPORTANTE**
> Os prefixos *cis/trans* e *E/Z* devem ser escritos em itálico.

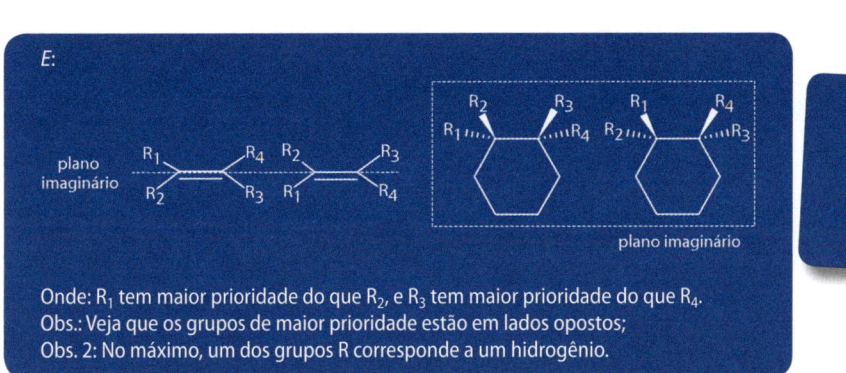

Em seguida, aplica-se o nome da substância de acordo com as regras da IUPAC. Exemplos: *cis*-but-2-eno, *trans*-but-2-eno, *cis*-1,2-dimetilciclopentano, *trans*-1,2-dimetilciclopentano, *E*-3-metilex-3-eno, *Z*-3-metilex-3-eno, *E*-1-etil-1,3-dimetilcicloexano, *Z*-1-etil-1,3-dimetilcicloexano, etc.

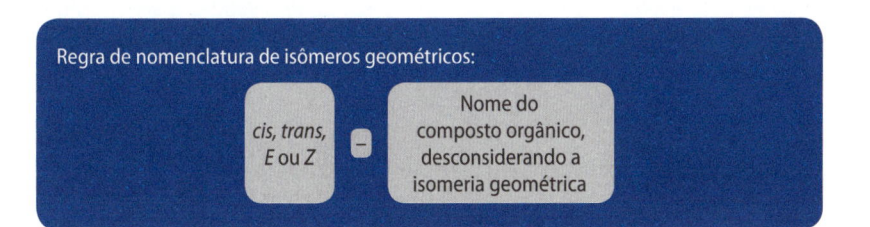

Regra de nomenclatura de isômeros geométricos:

cis, *trans*, *E* ou *Z* - Nome do composto orgânico, desconsiderando a isomeria geométrica

» Carbonos estereogênicos

Os carbonos estereogênicos são átomos de carbono cuja alteração do arranjo espacial de suas ligações covalentes gera outro estereoisômero.

Veja o exemplo:

cis-but-2-eno   *trans*-but-2-eno

Se a orientação dos grupos ligados ao carbono 3 do *cis*-2-buteno for invertida, tem-se uma nova molécula, seu estereoisômero *trans*-2-buteno. E o mesmo resultado é obtido se os grupos do carbono 2 forem invertidos.

Isso significa que moléculas com ligação dupla, de configuração *cis*, *trans*, *E* ou *Z*, apresentam dois carbonos estereogênicos: os carbonos da própria ligação dupla.

Mas, e as moléculas de cadeia carbônica saturada podem apresentar carbonos estereogênicos?

Sim, veja o exemplo:

Z-1,2-dimetilcicloexano-1,2-diol   E-1,2-dimetilcicloexano-1,2-diol

Se a orientação dos grupos ligados ao carbono 1 do Z-1,2-dimetilcicloexano-1,2-diol for invertida, uma nova molécula será formada, o seu estereoisômero E-1,2-dimetilcicloexano-1,2-diol. O mesmo vale para a orientação dos grupos ligados ao carbono 2.

Assim, compostos cíclicos de cadeia saturada, de configuração *cis*, *trans*, *E* ou *Z*, também apresentam dois carbonos estereogênicos: os carbonos ligados aos grupos substituintes.

» Isomeria óptica

Os isômeros ópticos ou espaciais são as únicas moléculas capazes de promover o desvio de um feixe de luz polarizado que atravesse uma solução que os contém. Esse desvio está associado aos diferentes arranjos espaciais dos grupos em sua estrutura. De modo geral, são moléculas assimétricas (quirais), ou seja, sem a presença de um ou mais planos de simetria.

- Caracterização dos isômeros ópticos

O modelo mais simples de isômeros ópticos apresenta um carbono saturado ligado a quatro átomos ou grupos diferentes. Este carbono especial também é denominado **carbono estereogênico**.

Veja o exemplo:

A molécula de 2-clorobutano apresenta o carbono (2) ligado a quatro átomos/grupos diferentes (CH_2, Cl, CH_3 e H). Logo, é um isômero óptico.

> » **IMPORTANTE**
> O carbono estereogênico saturado era conhecido como carbono quiral, mas este termo não é mais empregado pela IUPAC.

> » **IMPORTANTE**
> Ao fazer as ligações com os quatro átomos ou grupos diferentes, o carbono estereogênico não permite a existência de um ou mais planos de simetria.

Veja o segundo exemplo:

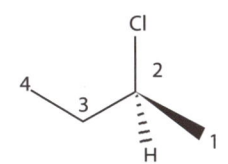

Esta é a molécula de 2-clorobutano, mas a orientação dos grupos ligados ao carbono estereogênico está diferente da representação do primeiro exemplo.

Ambas as representações são um único composto ou dois isômeros diferentes? A resposta é simples: dois isômeros ópticos distintos, pois trata-se de um composto assimétrico, no qual um corresponde à imagem especular não sobreponível do outro. Quando temos imagens especulares sobreponíveis, tratam-se de entidades idênticas e, portanto, simétricas.

Cuidado! Isso não significa que a cada arranjo indiscriminado dos grupos haverá um isômero óptico. Para prever quantos isômeros ópticos estão associados a uma molécula, use a seguinte regra:

$$Is = 2^n$$

Onde: Is = número de isômeros ópticos
       n = número de carbonos estereogênicos

Assim, como o 2-clorobutano apresenta um carbono estereogênico, é possível o seguinte número de isômeros ópticos: $Is = 2^n = 2^1 = 2$.

>> CURIOSIDADE

A glicose é uma molécula de grande importância para os seres humanos, pois está relacionada ao metabolismo dos alimentos e a doenças como o diabetes. Sua estrutura química apresenta quatro carbonos estereogênicos, possibilitando a existência de 16 isômeros ópticos, incluída a glicose.

Agora será feito o caminho inverso. Dada a quantidade de isômeros ópticos, como desenhar suas estruturas químicas?

O butan-2-ol apresenta um carbono estereogênico (carbono 2), assim, são possíveis dois isômeros ópticos.

O primeiro pode ser representado levando em conta apenas a orientação espacial das ligações do carbono estereogênico, não importando a sequência na qual os grupos são representados.

E quanto ao segundo isômero óptico? Como desenhar sua estrutura?

É simples: basta desenhar a imagem especular do primeiro isômero, ou seja, a imagem formada no espelho.

Espelho

Eis os dois isômeros ópticos do butan-2-ol.

Giros permitidos para isômeros ópticos com um carbono estereogênico

Foram apresentadas as estruturas químicas dos dois isômeros ópticos do butan-2-ol. Tendo isso em mente, a molécula a seguir representa qual dos isômeros?

O esqueleto básico é do butan-2-ol. Mas não pode ser um terceiro isômero óptico, pois foram previstos apenas dois. Ou seja, a representação estrutural evidenciada é um desses dois isômeros ópticos.

É possível comprovar a afirmação por meio de giros permitidos da molécula, sem adulterá-la, ou seja, sem que nenhuma ligação seja quebrada para promover a permuta entre a posição de dois grupos, o que acarretaria na estrutura química do outro isômero.

Para tanto, basta manter uma das ligações do carbono estereogênico fixa e girar os grupos das demais ligações, no sentido horário ou anti-horário. Faça quantos giros achar conveniente. Em um determinado momento, o arranjo espacial dos grupos se igualará a um dos isômeros ópticos do butan-2-ol.

A ligação do carbono estereogênico com o grupo hidroxila ficou fixa, enquanto os demais grupos foram girados. Note que a disposição espacial das ligações (cunha, cunha tracejada e linha) se mantém.

O primeiro giro não forneceu uma estrutura química com arranjo espacial idêntico a um dos dois isômeros ópticos. Porém, após o segundo giro, obteve-se um dos isômeros do butan-2-ol, comprovando a afirmação feita inicialmente.

E se, por exemplo, a ligação do hidrogênio com o carbono estereogênico estivesse fixa e os demais grupos fossem girados? O resultado seria o mesmo.

Eis um desafio interessante: utilizando giros permitidos, prove que um isômero óptico do butan-2-ol é diferente do outro. Inicie os testes com um dos isômeros ópticos e, a cada giro, verifique se o arranjo espacial obtido é igual ao do outro isômero óptico.

> **» DICA**
> Um erro comum no processo comparativo é a troca da orientação espacial de dois grupos em vez do giro permitido. Quando se troca a orientação de dois grupos quaisquer, há a adulteração do isômero, convertendo-o no outro.

Após três giros permitidos, o isômero óptico usado volta a apresentar o arranjo espacial inicial de seus grupos. Isso significa que girar um isômero óptico não o converte no outro isômero, provando que são distintos.

> **» NO SITE**
> Visite o ambiente virtual de aprendizagem Tekne para aprender como fazer os giros dos grupos em uma animação.

Designação da configuração absoluta de carbonos estereogênicos

Os prefixos *R/S*, do latim *R* "retrus" e *S* "sinister", fazem parte de um protocolo estabelecido pela IUPAC para diferenciar isômeros ópticos, independentemente de sua atividade óptica. Este processo de identificação é conhecido como determinação da configuração absoluta do carbono estereogênico, e utiliza para o carbono estereogênico os critérios de prioridade de grupo estudados nos isômeros geométricos.

Veja o exemplo:

> **IMPORTANTE**
> Se o átomo avaliado quanto à prioridade apresentar insaturação, considera-se que cada ligação π é uma ligação simples. Exemplo 1: o carbono do grupo C=O é considerado um átomo ligado a dois oxigênios (ligações simples). Exemplo 2: o carbono do grupo C≡N é considerado um átomo ligado a três nitrogênios (ligações simples).

A ordem decrescente de prioridade dos grupos é dada pelas letras "a", "b", "c" e "d", respectivamente. Como o carbono estereogênico está ligado diretamente a um oxigênio, a dois carbonos e a um hidrogênio, tem-se que o oxigênio é o átomo de maior prioridade, (a), e o hidrogênio, o de menor, (d). Para desempatar os carbonos, verifica-se a identidade dos vizinhos diretos. No caso do grupo CH_3, o carbono está ligado a três hidrogênios. No grupo CH_3CH_2, o carbono está ligado a dois hidrogênios e a um carbono. Assim, o grupo CH_3CH_2 apresenta a segunda prioridade (b), e o grupo CH_3, a terceira (c).

Tendo as prioridades em mãos, deve-se garantir que o grupo de menor prioridade fique localizado na ligação de cunha tracejada. A molécula do exemplo, porém, apresenta seu grupo de menor prioridade (hidrogênio) com ligação em linha.

Para resolver esse problema, basta fazer um giro permitido de forma que o grupo de menor prioridade fique com o arranjo espacial exigido pela regra de nomenclatura.

> **IMPORTANTE**
> Ao fazer este giro, a posição da molécula como um todo é alterada no espaço, entretanto, a disposição espacial dos grupos entre si é mantida.

Um giro foi suficiente para o grupo de menor prioridade ficar com a ligação de cunha tracejada.

Por fim, são utilizados os três grupos de maior prioridade para verificar qual é o sentido (horário ou anti-horário), começando no grupo (a), passando pelo grupo (b) e chegando até o grupo (c), ou seja, em ordem decrescente de prioridade.

Se o sentido das prioridades é horário, o isômero óptico terá configuração absoluta *R*. Caso contrário, *S*.

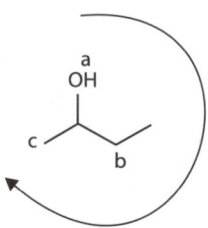

No exemplo, de acordo com a disposição dos três grupos ligados ao carbono estereogênico, tem-se o sentido horário, logo, o isômero é nomeado *R*--butan-2-ol.

> Regra de nomenclatura de isômeros ópticos com um carbono estereogênico:
>
> [*R* (sentido horário das prioridades dos grupos) ou *S* (sentido anti-horário das prioridades dos grupos)] – [Nome do composto orgânico, desconsiderando a isomeria óptica]
>
> Obs.: Neste caso, as letras R e S devem sempre ser escritas em maiúscula e itálico.

Moléculas que possuem dois carbonos estereogênicos

Os isômeros ópticos podem apresentar mais de um carbono estereogênico em sua estrutura. E, considerando a equação Is = 2^n, estima-se que a quantidade possível de isômeros aumente significativamente. Entretanto, serão explorados apenas os isômeros ópticos acíclicos com dois carbonos estereogênicos.

Inicialmente, deve-se levar em conta o nome do isômero óptico sem considerar sua isomeria. Na sequência, é necessário caracterizar cada carbono estereogênico de forma independente, como feito anteriormente. Por fim, entre parênteses e alocado no início do nome, os carbonos estereogênicos são caracterizados de acordo com sua configuração (*R* ou *S*) e sua respectiva numeração na cadeia.

Exemplo:

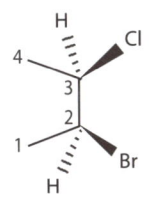

Esta molécula apresenta isomeria óptica com dois carbonos estereogênicos, pois os carbonos 2 e 3 estão ligados a quatro grupos/átomos diferentes. Desconsiderando a isomeria, tem-se a molécula do 2-bromo-3-clorobutano. Ao observar a configuração de cada carbono estereogênico, verifica-se que o carbono 2 é *S*, e o 3 é *R*. Portanto, a molécula corresponde ao (2*S*, 3*R*)-2--bromo-3-clorobutano.

Regra de nomenclatura de isômeros ópticos com dois carbonos estereogênicos:

| Menor índice dos carbonos estereogênicos | Configuração R/S deste carbono | Maior índice dos carbonos estereogênicos | Configuração R/S deste carbono | – | Nome do composto orgânico |

Obs.: Os dados que precedem o hífen devem ser escritos entre parênteses.
Obs. 2: Uma vírgula separa os dados de cada carbono estereogênico.

- Enantiômeros, diasteroisômeros e compostos meso

Os isômeros ópticos apresentam relações específicas entre si, de acordo com as características de seus arranjos espaciais.

Isômeros ópticos cujos arranjos correspondem a imagens especulares não sobreponíveis entre si são denominados **enantiômeros**.

>> **IMPORTANTE**
Os diasteroisômeros apresentam propriedades físicas e químicas diferentes como ponto de efusão, ponto de ebulição e densidades.

Por sua vez, se os isômeros ópticos não corresponderem a imagens especulares, passam a ser classificados como **diasteroisômeros**.

Note que os isômeros ópticos com um carbono estereogênico nunca serão diasteroisômeros, pois um equivale à imagem especular do outro (enantiômeros). Além disso, a equação Is = 2^n mostra a existência apenas de 2 isômeros ópticos (enantiômeros) para cadeias com um carbono estereogênico.

Outro estereoisômero especial é denominado **composto meso**, cuja estrutura permite pelo menos um plano de simetria, logo, essa molécula não será quiral. A existência do plano de simetria reflete os arranjos idênticos dos grupos ligados aos dois carbonos estereogênicos, como no composto a seguir:

$$\text{Plano de simetria}$$

Note que o plano de simetria intramolecular separa adequadamente dois arranjos espaciais em imagens especulares, associados aos dois carbonos estereogênicos. Neste caso, a molécula é simétrica e, portanto, sobreponível à sua imagem especular, não exibindo atividade óptica.

Caracterização de isômeros ópticos acíclicos com dois carbonos estereogênicos

Quando uma cadeia carbônica apresenta apenas um carbono estereogênico, há a possibilidade de dois isômeros ópticos: os dois enantiômeros. Mas, quando há dois carbonos estereogênicos, deve-se tomar cuidado!

A fórmula matemática indica que o número de isômeros ópticos é $Is = 2^n = 2^2 = 4$. Mas, qual é sua identidade: enantiômeros, diasteroisômeros e/ou compostos meso?

Há dois padrões básicos de isômeros ópticos para essa situação, sendo evidenciados a seguir:

Padrão 1: presença de enantiômeros e diasteroisômeros
Exemplo: 2-bromo-3-clorobutano

Para descobrir a identidade de cada um dos isômeros ópticos do 2-bromo-3-clorobutano, inicialmente recomenda-se a construção de uma estrutura com arranjos espaciais aleatórios (P1A). Por não apresentar plano de simetria, o isômero óptico P1A apresenta um enantiômero que corresponde à sua imagem especular (P1B).

O terceiro isômero óptico não será um enantiômero de P1A ou de P1B, mas um diasteroisômero. Para representá-lo, pode-se escolher um dos carbonos estereogênicos e inverter o arranjo de duas de suas ligações. Esta adulteração é realizada de propósito para converter uma molécula óptica em um de seus diasteroisômeros. Neste exemplo, apenas as ligações do carbono com o bromo e com o hidrogênio foram permutadas gerando P1C.

Como P1C é um isômero óptico que não contém plano de simetria interno, ele apresentará um enantiômero (imagem especular), P1D. Por fim, todas as relações estereoisoméricas são representadas junto às estruturas dos isômeros (2R,3S) (P1A), (2S,3R) (P1B), (2R,3R) (P1C) e (2S,3S) (P1D).

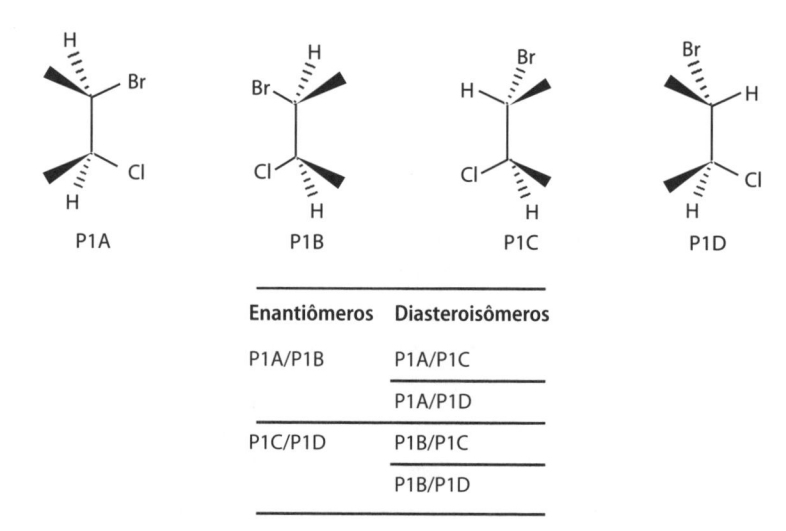

Enantiômeros	Diasteroisômeros
P1A/P1B	P1A/P1C
	P1A/P1D
P1C/P1D	P1B/P1C
	P1B/P1D

Padrão 2: presença de enantiômeros, diasteroisômeros e composto meso
Exemplo: 2,3-dibromobutano

A representação dos isômeros ópticos do 2,3-dibromobutano é similar à demonstrada no exemplo do 2-bromo-3-clorobutano, sendo a diferença vinculada ao terceiro isômero.

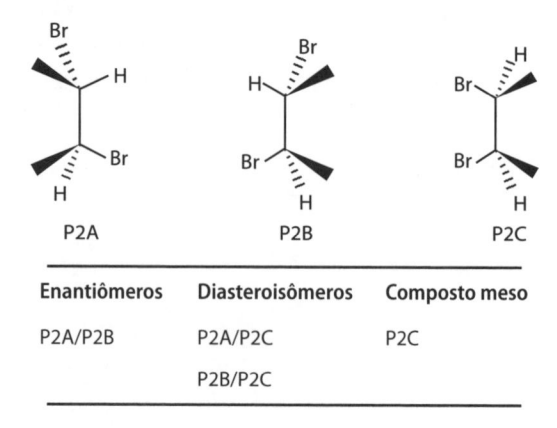

Enantiômeros	Diasteroisômeros	Composto meso
P2A/P2B	P2A/P2C	P2C
	P2B/P2C	

Este contém um plano de simetria interno (composto meso) e, portanto, não apresenta enantiômero. Ou seja, quando há um composto meso, a previsão de quatro isômeros ópticos não é verdadeira, resultando em três isômeros.

No exemplo, os três isômeros ópticos são (2S,3S) (P2A), (2R,3R) (P2B) e (2S,3R) (P2C).

Atividade óptica e sua nomenclatura

A atividade óptica corresponde à influência dos isômeros sobre um plano de luz polarizada incidente e é medida experimentalmente, não podendo ser prevista com base na estrutura química dos compostos orgânicos.

Para tanto, utiliza-se um equipamento denominado polarímetro, capaz de medir o ângulo, em graus, do deslocamento do plano de luz polarizada gerado pela fonte de luz.

> » NO SITE
> Para saber mais sobre rotação específica e rotação observada, acesse o ambiente virtual de aprendizagem Tekne.

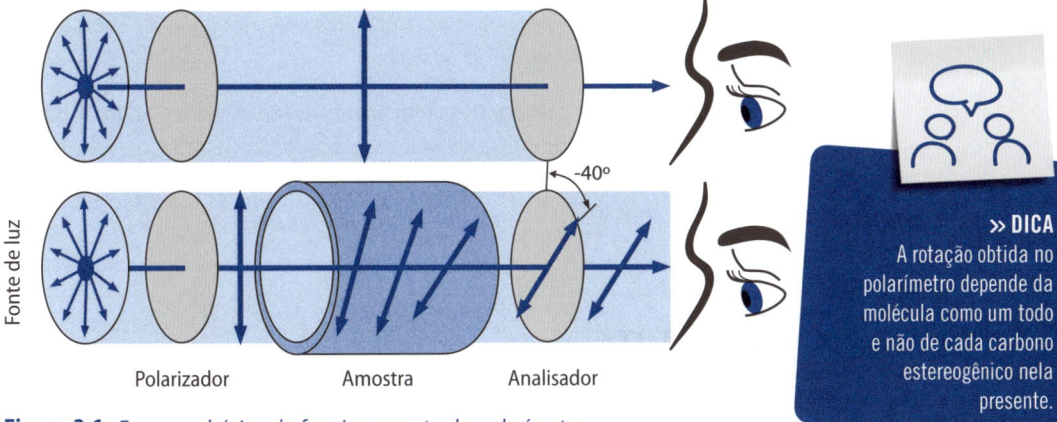

Figura 3.1 Esquema básico do funcionamento do polarímetro.
Ilustração: Tâmisa Trommer.

> » DICA
> A rotação obtida no polarímetro depende da molécula como um todo e não de cada carbono estereogênico nela presente.

Os isômeros ópticos capazes de desviar o plano da luz polarizada no sentido horário são caracterizados como dextrógiros e simbolizados com o sinal positivo (+). Já aqueles que desviam o plano da luz polarizada no sentido anti-horário são denominados levógiros e simbolizados com o sinal negativo (−).

Exemplos: (+)-2-bromopentano e (−)-2-bromopentano.

Os enantiômeros do butan-2-ol, por exemplo, apresentam o seguinte comportamento: R-(−)-butan-2-ol (levógiro) e S-(+)-butan-2-ol (dextrógiro). Note que as configurações R/S e ópticas foram exibidas em conjunto, como mostra a regra a seguir:

> Regra de nomenclatura de isômeros ópticos considerando as configurações R/S e óptica e a presença de um único carbono estereogênico:
>
> [R ou S] − [(+) ou (−)] − [Nome do composto orgânico, desconsiderando a isomeria óptica]

Outro fato sobre a atividade óptica dos enantiômeros é que o deslocamento do plano da luz polarizada, em graus, para soluções de enantiômeros de concentrações idênticas, tem o mesmo valor em módulo. A diferença está no sinal. O dextrógiro terá valor positivo, e o levógiro, negativo. Exemplo: R-(−)-butan-2-ol (− 13,52°) e S-(+)-butan-2-ol (+ 13,52°).

Soluções formadas pelo par de enantiômeros em quantidades equimolares são denominadas como misturas racêmicas. Estas são simbolizadas como (±) e não apresentam atividade óptica, pois os deslocamentos inversos de mesma intensidade se anulam.

>> IMPORTANTE

Excesso enantiomérico − soluções formadas pelo par de enantiômeros em quantidades não equimolares constituem um sistema com excesso enantiomérico, e o sentido do desvio da luz polarizada corresponderá ao sentido que o enantiômero majoritário promove.

>> ATENÇÃO

Deve-se tomar muito cuidado para **NÃO** associar obrigatoriamente um isômero R com atividade dextrógira e um isômero S com atividade levógira. Existem isômeros R com atividade levógira, assim como isômeros S dextrógiros. Lembre-se de que as configurações são obtidas por meio de ferramentas distintas. Entretanto, quando um dos enantiômeros for dextrógiro, o outro será obrigatoriamente levógiro.

Agora é a sua vez!

1. Identifique as relações isoméricas, caso existam, a seguir:
   a) Butano e ciclobutano
   b) Propano e propeno
   c) 2-clorobutano e 1-clorobutano
   d) Etanoato de etila e propanoato de metila
   e) Etoxietano e metoxipropano
   f) Cicloexano e cicloexeno
   g) Ciclopentano e metilciclobutano
   h) Decano e 2-metilnonano
   i) Oct-3-eno e oct-3-ino
   j) Butanal e but-1-en-1-ol
   k) Naftaleno e antraceno
   l) Etoxietano e butan-1-ol
   m) Ácido propanoico e propanoato de metila
   n) Metoximetano e metanol
   o) cis-but-2-eno e but-1-eno
   p) cis-1,2-dibromocicloexano e cis-1,3-dibromocicloexano
   q) trans-1,3-diclorocicloexano e cis-1,3-diclorocicloexano
   r) (+)-2-cloropentano e (−)-2-cloropentano
   s) (2R,3R)-2,3-diclorobutano e (2S,3R)-2,3-diclorobutano
   t) (2S,3R)-2,3-dibromobutano e (2R,3S)-2,3-dibromobutano
   u) R-(−)-butan-2-ol e S-(+)-butan-2-ol
   v) R-2-cloropentano e 3-cloropentano

2. Desenhe as estruturas dos compostos a seguir empregando a fórmula de cunha – cunha tracejada – linha, enfatizando o(s) carbono(s) estereogênico(s). Pesquise as substâncias marcadas com um asterisco (*) em livros, artigos ou sites de confiança.
   a) 2-iodopentano
   b) Bromo-cloro-iodometano
   c) 2-bromo-3-cloropentano
   d) Ácido 2-cloro-2-fluoroetanoico
   e) 1-cloro-1,2,2-trimetilcicloexano
   f) limoneno*
   g) Ácido tartárico*
   h) Ácido lático*
   i) Fenilalanina*

3. Desenhe a estrutura química dos compostos a seguir:
   a) cis-hex-2-eno
   b) trans-1,2-dimetilciclopentano
   c) trans-1-cloro-4-iodocicloexano
   d) cis-1,2-difenileteno
   e) E-1-bromocicloexeno
   f) Z-3,4-dimetilept-3-eno

(Continua)

Agora é a sua vez! *(Continuação)*

h) Z-1-cloro-4-isopropil-1-metilcicloexano

4. Identifique os erros vinculados a cada alternativa a seguir.
   a) *trans*-*p*-metilfenol
   b) *cis*-but-1-eno
   c) *cis*-1,2,3-trimetilcicloexano
   d) *cis*-2-metilbut-2-eno
   e) *trans*-1-clorocicloexano

5. Desenhe todos os estereoisômeros e evidencie todas as relações isoméricas dos compostos a seguir:
   a) 2-bromo-3-iodobutano
   b) Pentano-2,3-diol
   c) Ácido 2,3-dimetilpentanoico
   d) 4-cloroexan-3-ol

6. Verifique se os compostos a seguir são enantiômeros, diasteroisômeros, idênticos ou se não apresentam isomeria óptica (observe que, na alternativa (e), antes de avaliar a configuração de cada carbono estereogênico, deve-se realizar um giro de 180° em uma das moléculas):

capítulo 4

Relações entre estrutura e propriedades físico-químicas

As propriedades físico-químicas de uma molécula orgânica são determinadas por sua estrutura química. Assim, ao analisar as características estruturais de uma molécula, é possível prever algumas de suas propriedades físicas.

Para perceber como as estruturas moleculares afetam as propriedades físicas, lembre-se de que a matéria palpável e visível a olho nu é constituída pela união de milhares de moléculas. Deste modo, são as forças que as mantêm coesas que determinarão as características do material. E, tais forças, por sua vez, serão definidas pelas características estruturais moleculares.

Objetivos de aprendizagem

» Conhecer os tipos de forças intermoleculares que determinam a coesão das moléculas.
» Entender a relação entre forças de atração e os estados de agregação intermoleculares e sua influência nos processos de mudança de fase.
» Conhecer os critérios utilizados para relacionar as moléculas orgânicas com suas propriedades físicas.
» Reconhecer a utilidade deste conhecimento para o profissional de química.

Forças intermoleculares

As forças que mantêm as moléculas unidas nas fases condensadas (estados líquido e sólido) são interações denominadas *forças de atração intermoleculares*.

Há três tipos de forças intermoleculares que atuam na coesão molecular: as interações **dipolo induzido-dipolo induzido**, as interações **dipolo permanente-dipolo permanente (dipolo-dipolo)** e a **ligação de hidrogênio**. Há ainda um quarto tipo de força de atração que envolve moléculas e espécies iônicas – as interações **íon-dipolo**. Este quarto tipo está envolvido em processos de interações entre soluto e solvente nos processos de solvatação.

As **interações dipolo induzido-dipolo induzido** ocorrem em compostos apolares ou de polaridade muito baixa.

Neste tipo de molécula, como não ocorre polarização das ligações ou a soma dos componentes vetoriais de polarização é nula, a nuvem eletrônica, a princípio, não se encontra distorcida. Porém, movimentos vibracionais relacionados à temperatura promovem um desequilíbrio na distribuição eletrônica de uma das moléculas, gerando uma pequena distorção da nuvem que resulta no surgimento de um **dipolo instantâneo**. Como cargas iguais se repelem, quando a porção negativa da molécula que sofreu polarização instantânea se aproximar de outra molécula, os elétrons desta serão repelidos para a extremidade oposta, ocorrendo então a formação de um **dipolo induzido** na molécula adjacente que, por sua vez, promoverá a polarização das moléculas adjacentes a ela. Uma vez polarizados, os centros positivos de uma molécula serão eletrostaticamente atraídos pelos centros negativos de outra, e vice-versa.

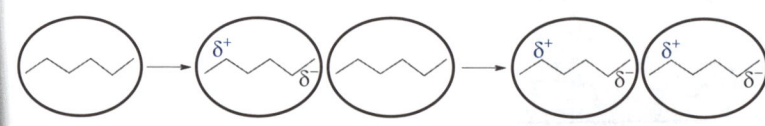

Desequilíbrio na distribuição eletrônica

Neste caso, é importante notar que, quanto maior o volume da molécula, maior a sua polarizabilidade (distorção da nuvem eletrônica) e, consequentemente, **maior a intensidade das interações dipolo induzido-dipolo induzido**.

Se compararmos hidrocarbonetos de diferentes massas moleculares, o aumento da cadeia carbônica promoverá o aumento nas forças dipolo induzido-dipolo induzido, mas, para hidrocarbonetos isômeros, o aumento do número de ramificações promoverá a diminuição da intensidade destas forças.

Observe o exemplo:

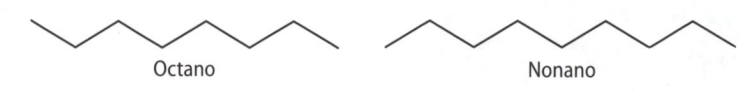

Octano   Nonano

>> **IMPORTANTE**
Os termos **dipolo instantâneo-dipolo induzido**, **forças de dispersão de London** e **interações de Van der Waals** também são comuns para este tipo de força. Em níveis de ensino mais avançados, será visto que o termo forças de Van der Waals se aplica a interações eletrostáticas, tanto atrativas quanto repulsivas, não sendo, portanto, o termo mais correto, uma vez que estamos tratando apenas das forças de atração.

>> **DEFINIÇÃO**
A facilidade com a qual a nuvem eletrônica de uma molécula pode ser distorcida é denominada **polarizabilidade**.

Pentano   2-metilbutano

Ao compararmos o nonano e o octano, percebemos que o nonano tem forças dipolo induzido-dipolo induzido mais intensas, uma vez que sua cadeia carbônica é mais extensa e apresenta maior massa molecular. Já entre os isômeros pentano e 2-metilbutano, o pentano é quem apresenta forças de atração intermoleculares mais intensas, por não ser ramificado, pois, entre isômeros de cadeia, geralmente, o aumento do número de ramificações promove a diminuição da superfície de contato entre as moléculas e a redução da polarizabilidade.

As **interações dipolo-dipolo** ocorrem entre moléculas que possuem a nuvem eletrônica naturalmente distorcida, ou seja, em moléculas que possuem **dipolo permanente**. Neste caso, o polo positivo de uma molécula é atraído eletrostaticamente pelo polo negativo da molécula vizinha.

Para a propanona, por exemplo, é possível observar que o oxigênio, por tratar-se do átomo mais eletronegativo da molécula, atrai para si a nuvem eletrônica, constituindo o polo negativo, e que a extremidade do carbono carbonílico, assume caráter positivo. A coesão entre as moléculas de propanona se dará mediante o alinhamento dos polos opostos, como visualizado na representação a seguir.

Se compararmos duas moléculas de massas moleculares aproximadas onde uma é apolar e a outra apresenta dipolo permanente, a segunda terá forças de atração intermoleculares maiores.

A **ligação de hidrogênio** é uma interação dipolo-dipolo extremamente forte. Tal interação eletrostática ocorre entre uma molécula que possui um átomo de hidrogênio ligado diretamente a elemento muito eletronegativo (F, O, N) e outra molécula que possui um átomo muito eletronegativo (F, O, N) com pares de elétrons não ligantes. A molécula possuidora do hidrogênio é dita "**doadora de hidrogênio**" e a molécula possuidora do elemento com os pares de elétrons não ligantes é denominada "**aceptora de hidrogênio**". Veja os exemplos, em que a ligação de hidrogênio é representada por uma linha tracejada:

I   II   III   IV

>> **DEFINIÇÃO**
A atração ou repulsão que um grupo exerce em relação à nuvem eletrônica dos grupos vizinhos é denominada efeito indutivo. Geralmente o efeito indutivo se estende até cerca de cinco ligações de distância.

Uma molécula de álcool possui um hidrogênio diretamente ligado ao oxigênio, podendo, portanto, fazer interações do tipo ligação de hidrogênio com outra idêntica a ela (I). Já os éteres, por não terem um hidrogênio diretamente ligado ao oxigênio, não podem fazer interações deste tipo entre si, mas poderão realizar essas interações tanto com moléculas de alcoóis (II) quanto com moléculas de aminas (III), por exemplo.

Se compararmos dois isômeros, onde um realiza interações do tipo dipolo-dipolo, e o outro, ligações de hidrogênio, o segundo terá forças de atração intermoleculares mais intensas.

Além disso, ressalta-se que **quanto mais eletronegativo for o átomo ligado ao hidrogênio no grupo doador *de H* e quanto mais eletronegativo for o átomo aceptor de H**, mais forte será a interação. Assim, podemos dizer que, no exemplo anterior, a interação em (II) é mais forte do que a interação em (III), assim como a interação em (I) é mais forte do que aquela em (IV), pois o elemento oxigênio é mais eletronegativo do que o elemento nitrogênio.

A interação do tipo ligação de hidrogênio ocorre entre moléculas distintas (como já exemplificado) sendo classificada como uma **interação intermolecular**, e também dentro de uma mesma molécula, constituindo uma **interação intramolecular**. Porém, a interação intramolecular só ocorrerá quando os sítios aceptor e doador de hidrogênio estiverem a cinco ligações de distância um do outro e a geometria molecular permitir que ocorra a aproximação destes, de modo que, ao ser formada, a ligação de hidrogênio constitua um anel de seis membros, conforme evidenciado a seguir.

As moléculas abaixo não são capazes de realizar interações intramoleculares do tipo ligação de hidrogênio. No primeiro caso, embora haja cinco ligações entre o sítio doador e o aceptor de hidrogênio, a geometria não permite a aproximação espacial destes. No segundo caso, há seis ligações entre o sítio doador e o aceptor.

Outro fato a ser observado é que a ligação de hidrogênio intramolecular tem preferência sobre a intermolecular, e, assim, uma molécula que realiza interação intramolecular terá força de atração intermolecular muito inferior à uma que não realiza.

As moléculas de 4-hidroxipentan-2-ona e 4-hidroxipentanal são isômeros. Na primeira molécula, existe possibilidade de formação de ligação de hidrogênio intramolecular, enquanto na segunda não, pois a distância entre o oxigênio carbonílico e o hidrogênio hidroxílico corresponde, no segundo caso, a seis ligações. A segunda molécula será aquela que apresenta forças de atração intermoleculares mais fortes, uma vez que seus sítios aceptor e doador de hidrogênio não estão comprometidos com interações intramoleculares, podendo, então, realizar interações intermoleculares mais eficientes.

4-hidroxipentan-2-ona   4-hidroxipentanal

As **interações íon-dipolo** ocorrem entre cátions e moléculas que apresentam um polo negativo, ou entre ânions e moléculas que apresentam um polo positivo, como representado, respectivamente, a seguir. Quando tal interação envolve um soluto e um solvente, ela é denominada **solvatação**.

>> Temperaturas de transição

Por que o metano, o etano e o eteno são gasosos à temperatura ambiente, enquanto o etanol é líquido? Por que alguns solventes orgânicos devem ser armazenados sob refrigeração em laboratório? Perguntas como essas são facilmente respondidas com o conceito de forças de atração intermoleculares, utilizadas na determinação dos estados de agregação intermoleculares, que, por sua vez, afetam diretamente os processos de mudança de fase.

Sabemos que, no estado sólido, a energia cinética das partículas é mínima, enquanto seu grau de coesão é o máximo possível. Dizemos que, neste estado, as moléculas estão empacotadas e que, portanto, a matéria no estado sólido assume forma própria. No estado líquido, a energia cinética das moléculas é maior do que no estado sólido, e seu grau de coesão molecular é

>> **IMPORTANTE**
A mudança de fase de um material ocorre quando a **energia térmica supera as forças de atração intermoleculares** que, por sua vez, são definidas pela estrutura molecular.

menor. Neste estado, as moléculas não estão empacotadas e, por isso, a matéria assume a forma do recipiente que a contém, pois as moléculas ainda são capazes de sentir as forças de atração intermoleculares, o que justifica o escoamento dos líquidos. Já no estado gasoso, a energia cinética das moléculas é muito elevada, e sua coesão é praticamente nula.

Para que ocorra a mudança de fase de um material, é necessário promover o aumento da energia cinética das partículas até que ela supere as forças de atração intermoleculares. Como a energia cinética é obtida pela conversão da energia térmica, percebemos que, indiretamente, é o aquecimento que promove a mudança de fase de um material.

Como a intensidade das forças de atração intermoleculares é definida pela estrutura, as mudanças de fase de uma mesma substância ocorrerão sempre a uma temperatura específica, sendo, portanto, **propriedades específicas** servindo, inclusive, como critério de identificação (p. ex., ponto de fusão, ebulição, etc.).

As temperaturas nas quais ocorrem as mudanças da fase sólida para a líquida e da líquida para a gasosa são denominadas, respectivamente, temperaturas (ou pontos) de fusão e de ebulição.

Os valores das temperaturas de fusão e de ebulição dependem das forças de atração intemoleculares (ou interatômicas), da massa e estrutura molecular. Então, para relacionar estrutura e temperaturas de fusão e de ebulição, **precisam ser identificados os tipos de interações intermoleculares que uma molécula efetua com outra idêntica a ela**.

Ao comparar moléculas orgânicas em relação a seus pontos de transição, são utilizados os seguintes critérios:

a) Hidrocarbonetos e/ou moléculas com o mesmo grupo funcional

Observe os exemplos:

Molécula	Estrutura	Ponto de fusão (ºC)
Octano		- 57
Decano		- 27

O decano, por possuir maior cadeia carbônica do que o octano, apresenta maior massa e também polarizabilidade, logo, tem maiores valores de temperaturas de transição.

> » **DEFINIÇÃO**
> Temperatura de fusão (P_f) – Temperatura na qual ocorre um equilíbrio entre o estado sólido (cristalino mais ordenado) e o estado líquido (mais aleatório).

> » **DEFINIÇÃO**
> Temperatura de ebulição (P_{eb}) – Temperatura na qual a pressão de vapor de um líquido se iguala à pressão atmosférica acima dele, tornando as moléculas gasosas.

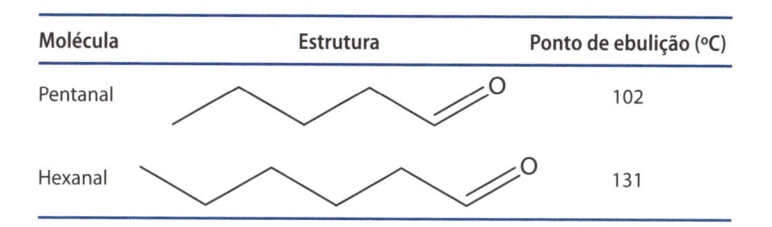

Molécula	Estrutura	Ponto de ebulição (°C)
Pentanal		102
Hexanal		131

O pentanal e o hexanal pertencem à mesma função química, porém, o hexanal possui cadeia carbônica maior do que o pentanal, apresentando, portanto, maior ponto de ebulição.

> » IMPORTANTE
> O aumento do tamanho da cadeia determina pontos de transição com temperaturas mais altas.

Observe o segundo exemplo:

Molécula	Estrutura	Ponto de fusão (°C)
Pentano		0,8
2-metilbutano	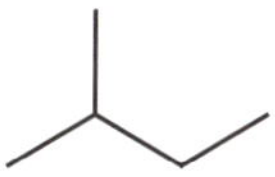	-11,7

O 2-metilbutano e o pentano são isômeros e, portanto, possuem mesma massa molecular. Porém, o 2-metilbutano apresenta uma estrutura ramificada e o pentano não, logo, este terá maior ponto de fusão devido à maior superfície de contato de sua cadeia.

> » IMPORTANTE
> Para isômeros de cadeia, o aumento do número de ramificações promove a diminuição dos valores de temperaturas de transição. Uma exceção para essa regra são os compostos ramificados de cadeia simétrica. Seu ponto de fusão pode ser tão elevado quanto o dos compostos não ramificados.

Observe o terceiro exemplo:

Molécula	Estrutura	Ponto de ebulição (°C)
4-hidroxiexan-2-ona	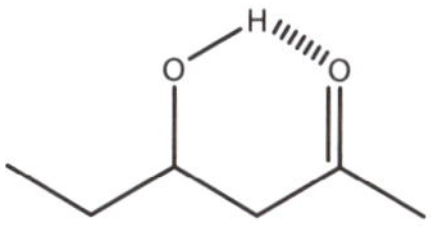	177
5-hidroxiexan-2-ona	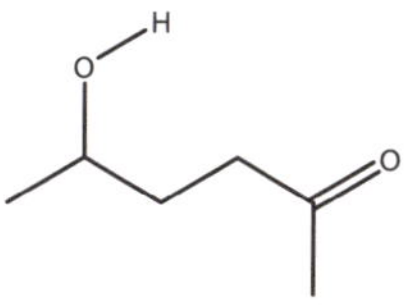	205,8

Essas moléculas são isômeros. Porém, por apresentar cinco ligações de distância entre o átomo aceptor de hidrogênio e o hidrogênio diretamente ligado ao oxigênio, a 4-hidroxiexan-2-ona realizará interações de hidrogênio intramoleculares, apresentando menores valores de temperaturas de transição do que a 5-hidroxiexan-2-ona, que não realiza tais interações intramoleculares, pois seu hidrogênio diretamente ligado ao oxigênio está a seis ligações de distância do átomo de oxigênio aceptor de hidrogênio.

> » IMPORTANTE
> Moléculas que realizam ligação de hidrogênio intramolecular terão menores pontos de fusão em relação às que não realizam.

Observe o quarto exemplo:

Molécula	Estrutura	μ_R	Ponto de ebulição (°C)
cis-1,2-dicloroeteno	Cl–CH=CH–Cl (cis)	> 0	60
trans-1,2-dicloroeteno	Cl–CH=CH–Cl (trans)	nulo	40

> **» IMPORTANTE**
> Estereoisômeros que apresentam ligações polarizadas, porém, cuja geometria determina a anulação do momento dipolo resultante, apresentarão menores temperaturas de transição.

O giro em torno da ligação dupla não é permitido, logo, os isômeros *cis* e *trans* não são espontaneamente interconversíveis por tal operação, constituindo compostos distintos. Neste exemplo, as moléculas apresentam o átomo de cloro que, por ser mais eletronegativo do que o carbono, promove a polarização das ligações, gerando momentos de dipolo (μ). No estereoisômero *trans*, os átomos de cloro estão no mesmo plano, porém em direções opostas. Esta disposição espacial anula os vetores de polarização das ligações, resultando em uma componente vetorial (μ_R) nula. Assim, o isômero *trans* caracteriza uma molécula apolar que realizará, com outra molécula idêntica a ela, interações do tipo forças dipolo induzido-dipolo induzido. No isômero *cis*, as componentes vetoriais de polarização das ligações não são anuladas, resultando em $\mu_R \neq 0$, constituindo uma molécula polar, que realiza interações intermoleculares do tipo dipolo-dipolo e possuindo, portanto, maiores valores de pontos de fusão e de ebulição.

b) Moléculas que apresentam grupos funcionais diferentes

Só podem ser comparadas aquelas moléculas que apresentarem massas moleculares próximas. Nesse caso, há os seguintes critérios:

- Uma molécula apolar apresenta menor temperatura de fusão e de ebulição do que uma molécula polar.
- Uma molécula com grupos capazes de fazer ligações de hidrogênio tem maiores temperaturas de transição do que outra que não apresenta.
- Quanto maior o número de ligações de hidrogênio, maior a temperatura de transição.
- As moléculas que realizam ligações de hidrogênio intramoleculares possuem pontos de transição inferiores em relação às que realizam interações intermoleculares.

Veja os exemplos:

Molécula	Estrutura	MM (g · mol⁻¹)	Ponto de ebulição (°C)
Butano		58	- 0,5
Propanal		58	49,0
Propan-1-ol		60	97,2
Ácido etanoico		60	118

Por ser um alcano e, portanto, apolar, o butano pode realizar apenas interações dipolo induzido-dipolo induzido, apresentando menor ponto de ebulição do que o propanal, que se caracteriza como uma molécula polar, capaz de interações intermoleculares do tipo dipolo-dipolo. O propan-1-ol, por possuir hidrogênio diretamente ligado a um átomo de oxigênio, realiza ligação de hidrogênio, apresentando maior ponto de ebulição do que o propanal. Ao comparar o propan-1-ol, que possui dois sítios para efetuar ligação de hidrogênio, com o ácido etanoico, que possui três sítios (observe a representação a seguir), veremos que este último terá maior valor de ponto de ebulição.

>> Densidade

A densidade é uma propriedade definida pela relação entre a quantidade de matéria (definida em massa) e o volume ocupado por esta matéria. As moléculas que se atraem mais eficientemente ficam mais próximas umas das outras em seus estados condensados, ocupando menor volume no espaço e formando, portanto, materiais mais densos.

O petróleo flutua sobre a água, evidenciando sua menor densidade. Como explicar este fato com base nas estruturas moleculares dos constituintes do petróleo e da água?

O petróleo é formado por uma mistura complexa na qual predominam moléculas de hidrocarbonetos. Os hidrocarbonetos possuem uma estrutura apolar, logo, sua coesão intermolecular será determinada por forças dipolo induzido-dipolo induzido. Já a água, por possuir hidrogênio diretamente ligado a oxigênio, realiza ligações de hidrogênio intermoleculares. Assim, as moléculas de água se atraem mais eficientemente do que as moléculas constituintes do petróleo, ficando mais próximas umas das outras e, consequentemente, ocupando menor volume por unidade de massa.

> **>> IMPORTANTE**
> De modo geral, quanto mais intensas forem as forças de atração intermoleculares, mais denso será o material.

>> Miscibilidade

Ao misturar etanol e água, obtemos um sistema que possui apenas uma fase (uma solução) mas, ao misturar óleo de cozinha e água, ocorre a formação de um sistema com duas fases (uma mistura binária). Como relacionar estes fatos às características estruturais das substâncias em questão?

A propriedade que define o grau de interação de duas (ou mais) substâncias é denominado **miscibilidade**. Quando há, no sistema, uma substância em concentração muito superior à outra, é utilizado o termo **solubilidade**, onde **soluto** é a substância presente em menor concentração, e **solvente**, a que estiver em maior concentração.

Quando as moléculas de um material estão submetidas à ação de suas forças de atração intermoleculares, a energia que as mantém atraídas é denominada **energia de rede**. Para que este material se misture a outro, as energias de rede entre as moléculas idênticas do material devem ser superadas por novas forças de atração que se formarão entre as moléculas do soluto e do solvente. Quanto mais efetivas forem as forças de atração entre o soluto e o solvente, maior será a miscibilidade entre as espécies envolvidas.

> **>> DICA**
> Para avaliar a miscibilidade das substâncias, é necessário definir quais são os tipos e a intensidade das interações entre as moléculas de soluto e de solvente e compará-las com as interações intermoleculares soluto-soluto e solvente-solvente.

No caso das moléculas orgânicas, são utilizados os seguintes critérios:

- **Moléculas polares** – são solúveis em solventes polares e insolúveis em solventes apolares. Elas também são denominadas **hidrofílicas** ou **hidrófilas** ("filo" vem do latim, cuja tradução é "amigo"; "hidro" se refere à "água").

Este e é o caso do metanol, do metanal e da metanamina, por exemplo, que são completamente solúveis em água, pois possuem um sítio capaz de fazer interações do tipo ligação de hidrogênio com a água. Também é o caso do clorometano, que embora não realize ligações de hidrogênio com a água, é uma molécula completamente polarizada, podendo fazer interações do tipo dipolo-dipolo com este solvente.

> **» DICA**
> Moléculas solúveis tanto em solventes polares como apolares são denominadas anfifílicas.

- **Moléculas apolares** – são solúveis em solventes apolares e insolúveis em solventes polares. Elas também são denominadas **hidrofóbicas** ou **hidrófobas** ("fobo" vem do latim, cuja tradução é "medo"; "hidro" se refere à água).

Todo hidrocarboneto, por exemplo, será completamente miscível em outro hidrocarboneto, sejam estes alcanos, alquenos, alquinos (e seus respectivos ciclos) ou compostos aromáticos.

Moléculas que apresentem grupos funcionais polares, cuja componente vetorial de polarização seja nula ($\mu_R = 0$), também são miscíveis em hidrocarbonetos.

Por exemplo, o *trans*-1,2-dicloroeteno (representado anteriormente neste capítulo) é completamente solúvel em solventes apolares como o hexano e o benzeno.

- **Moléculas que possuem grupos polares e cadeia apolar** – terão sua solubilidade determinada pela porção molecular predominante. Quando as moléculas deste tipo apresentam apenas **1 grupo polar e cadeias com**:

    - até 3 carbonos – serão solúveis em água
    - 4-5 carbonos – são pouco solúveis em água.
    - acima de 5 carbonos – serão insolúveis em água e solúveis em solventes apolares.

Para compreender bem esta regra, lembre-se de que haverá solubilidade quando as interações soluto-solvente superarem as interações solvente-solvente e soluto-soluto. Portanto, as moléculas que possuírem uma cadeia carbônica muito grande terão interações dipolo induzido-dipolo induzido muito intensas definindo sua energia de rede. Neste caso, a interação eletrostática de apenas um grupo polar da molécula com o solvente não será suficientemente forte para romper as interações soluto-soluto e, consequentemente, não haverá miscibilidade entre as espécies.

Veja alguns exemplos:

Moléculas	Estrutura	Solubilidade em água
Metanal	H–C(=O)–H	Muito solúvel
Propanona	CH₃–CO–CH₃	
Butanona	CH₃–CO–CH₂–CH₃	
Butanal	CH₃–CH₂–CH₂–CHO	
Pentan-2-ona	CH₃–CO–CH₂–CH₂–CH₃	Solúvel
Pentan-3-ona	CH₃–CH₂–CO–CH₂–CH₃	
Pentanal	CH₃–CH₂–CH₂–CH₂–CHO	Ligeiramente solúvel
Feniletanona	C₆H₅–CO–CH₃	Insolúvel

Os termos solúvel, muito solúvel e ligeiramente solúvel estão relacionados à maior massa que cada substância pode ser completamente solubilizada em 100 g de água.

≫ Relações entre os tipos de isomeria e as propriedades físico-químicas

Até aqui, ficou claro que as propriedades físicas se relacionam diretamente com as interações eletrostáticas realizadas por uma molécula, logo, quando estruturas de moléculas diferentes realizarem interações eletrostáticas semelhantes, suas propriedades físicas serão semelhantes, e quando tais interações forem muito diferentes, suas propriedades também serão muito diferentes.

Ao observar os **enantiômeros**, onde uma molécula corresponde à imagem especular da outra, fica claro que as interações intermoleculares realizadas por um serão exatamente as mesmas realizadas pelo outro, logo, esse tipo de isômero **terá valores idênticos de ponto de fusão e solubilidade**.

Observe as moléculas de R-2-butanol e de S-2-butanol, representadas a seguir.

Tanto uma quanto a outra fazem interações do tipo ligação de hidrogênio, logo, a intensidade e o tipo das interações intermoleculares serão coincidentes, determinando que ambas possuam os mesmos valores das propriedades físicas citadas. Analogamente, vê-se que ambas possuem cadeias de 4 átomos de carbono e um grupo hidroxila (que pode fazer ligação de hidrogênio com a água) na mesma posição da cadeia, logo, as forças de atração solvente-soluto serão as mesmas.

Já os **diasteroisômeros** e os **isômeros constitucionais** apresentarão diferenças na intensidade das interações intermoleculares, em geral tendo pontos de transição, densidade e solubilidade distintos.

Observe os isômeros de posição pentan-2-ona e pentan-3-ona:

Os pontos de fusão desses compostos são distintos (-78 e -39 °C, respectivamente), pois, no estado sólido, devido à maior proximidade das moléculas, a diferença na posição do grupo funcional ocasiona uma diferença significativa na polarização das cadeias e, consequentemente, na energia de rede.

Os isômeros de função, além de diferenças significativas nas intensidades das interações intermoleculares, podem, conforme o caso, apresentar diferença nos tipos de interações intermoleculares realizadas, tendo, portanto, pontos de transição, densidade e solubilidade bastante distintos.

Observe as moléculas de metoxietano e propan-1-ol:

Ambas possuem fórmula molecular C_3H_8O, porém, a diferença entre a conectividade dos átomos coloca uma na classe dos éteres, e a outra, na dos alcoóis. Nos éteres, não há um hidrogênio diretamente ligado ao oxigênio, logo, as interações intermoleculares possíveis entre duas moléculas idênticas serão dipolo-dipolo. Nos alcoóis, que possuem hidroxila, as interações serão do tipo ligação de hidrogênio, ocasionando uma grande distinção entre as temperaturas de transição das duas substâncias. Já em relação à solubilidade em água, há cadeias com o mesmo número de átomos de carbono e a presença de um grupo capaz de fazer interações do tipo ligação de hidrogênio com a água, logo, a solubilidade em água destas moléculas será semelhante, pois, uma vez que o álcool tem a possibilidade de fazer ligações de hidrogênio com a água envolvendo tanto o átomo de hidrogênio diretamente ligado ao oxigênio, quanto o átomo de oxigênio. Já o éter possui capacidade de realizar ligação de hidrogênio com a água envolvendo apenas o átomo de oxigênio.

>> Contextualização

Foram estudadas as relações entre estrutura química e propriedades dos compostos orgânicos. Porém, na vida prática, para quê este tipo de conhecimento é útil?

A seguir são citados alguns exemplos da aplicabilidade deste conhecimento. Antes, porém, é importante explicar que, embora a temperatura do material permaneça constante do início ao fim do processo de mudança de fase, na maioria dos aparelhos utilizados para determinar tais parâmetros, o termômetro não fica com o bulbo imerso na substância, mas apenas justaposto à região onde a substância está acondicionada. Portanto, a medida de temperatura efetuada é a do sistema na região mais próxima possível à substância, enquanto a temperatura do sistema varia durante todo o tempo de aquecimento.

Portanto, na determinação do ponto de fusão, o que é observado na realidade é uma faixa, e não um único valor. Nesta faixa, a primeira temperatura registrada corresponde ao início da liquefação do sólido, e a segunda temperatura é registrada assim que a substância se liquefez completamente. Para uma substância pura, o intervalo entre estas duas temperaturas nunca supera 2 °C.

Na indústria farmacêutica, um medicamento só pode ser preparado se a identidade da matéria-prima (fármaco e adjuvantes) for confirmada, e sua pureza, determinada. Um teste de execução simples realizado praticamente em todos os laboratórios de controle de qualidade de matéria-prima da indústria farmacêutica consiste na **determinação da temperatura de fusão**. A fundamentação deste teste está em o ponto de fusão ser uma propriedade específica e de substâncias puras apresentarem um intervalo de, no máximo, 2 °C entre a temperatura em que o início e o final da fusão de um composto são observados.

Considere um fármaco cujo ponto de fusão é 200 °C. Se a matéria-prima adquirida pela indústria apresentar valores de início e final de fusão respectivamente 200 e 201 °C, a matéria-prima poderia ser encaminhada para a linha de produção. Porém, se a faixa de fusão obtida fosse 90-91 °C, ficaria claro que não se trata do fármaco em questão, embora seja uma substância pura. Já se a fusão for observada entre 195-200 °C, é possível que se trate do fármaco esperado, porém, ele não está puro.

> **>> DEFINIÇÃO**
> Fármaco é a molécula que apresenta atividade biológica. Adjuvantes são substâncias biologicamente inativas presentes nos medicamentos.

>> **CURIOSIDADE**

A gasolina é constituída por uma mistura de hidrocarbonetos, mas uma pequena proporção de etanol (em torno de 25%) deve ser adicionada a ela, por determinação legal. Porém, se valores superiores ao permitido forem adicionados, os motores dos veículos que utilizarem a gasolina serão danificados. Uma adulteração que às vezes é realizada consiste na adição de etanol além do valor estipulado. Utilizando o conceito de **miscibilidade**, é fácil propor um teste barato e de execução imediata a fim de determinar o teor de álcool adicionado à gasolina. Como o etanol é polar e a gasolina é apolar, basta misturar volumes exatamente conhecidos de gasolina e de uma solução de cloreto de sódio 10% (m·V^{-1}), agitar vigorosamente o sistema e, em seguida, deixá-lo alguns minutos em repouso. Por afinidade, todo o etanol presente na gasolina se transferirá para a solução aquosa saturada, que também é polar. O decréscimo da fase apolar resultante corresponderá ao volume de etanol presente na amostra. Considerando o volume inicial de amostra e a variação de volume da fase apolar, uma regra de três leva à determinação do teor de álcool na gasolina.

Outro exemplo envolve os processos de separação de misturas que, em sua maioria, se baseiam nas propriedades físicas das substâncias em questão. Quando pretendemos separar uma mistura, devemos procurar valores tabelados das constantes físicas destas e, a partir destes valores, conseguimos propor o método de separação mais adequado. Um exemplo é a separação dos componentes do petróleo, formado majoritariamente por uma mistura de hidrocarbonetos. Neste caso, o petróleo é aquecido a temperaturas muito elevadas. As moléculas com massas moleculares mais baixas passarão para a fase gasosa e, quanto menor a massa, maior será a altura da torre de destilação que seus vapores atingem. A canalização e posterior condensação dos vapores que atingem diferentes alturas da torre de destilação levam à obtenção dos componentes do petróleo.

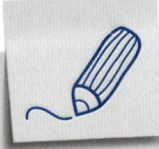

>> Agora é a sua vez!

1. Explique cada uma das seguintes afirmativas, incluindo a definição dos termos em negrito.
    a) Na fusão, são rompidas as **forças de atração intermoleculares**, mas as ligações químicas entre os átomos permanecem inalteradas.

(Continua)

Agora é a sua vez! *(Continuação)*

b) Nem toda molécula que apresenta ligações polarizadas é uma **molécula polar**.
c) Moléculas de cadeias carbônicas extensas, mas que possuem apenas um grupo polar, são **hidrofóbicas**.
d) Os ácidos carboxílicos apresentam maior ponto de fusão do que os alcoóis de massa molecular aproximada.
e) As **aminas terciárias** apresentam temperaturas de fusão muito inferiores do que seus isômeros de aminas secundárias ou primárias.
f) As **ligações de hidrogênio intramoleculares** só ocorrem quando há cinco ligações de distância entre o grupo aceptor e o grupo doador de elétrons.
g) Alcanos, alquenos e hidrocarbonetos aromáticos são menos **densos** do que a água.
h) Os ácidos carboxílicos, dentre as classes de compostos orgânicos, são os que apresentam maiores temperaturas de fusão, seguidos das amidas N-substituídas e N,N-dissubstituídas.
i) Ao determinar as temperaturas de fusão, comumente são obtidos valores de **faixas de fusão**.

2. Para as moléculas de cada série a seguir, faça o que se pede:
   a) Ordene de acordo com os pontos de fusão crescentes (pode haver moléculas de mesmo P_f). Justifique.
   b) Diga qual será solúvel em água e qual será solúvel em hexano. Justifique.

3. Pense nas propriedades dos compostos orgânicos e proponha um procedimento para resolver as seguintes questões:

   a) Há dois frascos contendo líquidos incolores. Um deles contém hexano, e o outro, propanona. Como identificar qual deles é cada substância utilizando apenas um frasco com água?
   b) Há dois frascos contendo líquidos incolores. Um deles contém cicloeptano, e o outro, butanona. Como identificar qual deles é cada substância utilizando apenas um frasco com água?
   c) Há um armário contendo cinco sólidos orgânicos de cor branca não identificados.
   Sabemos apenas que eles apresentam aproximadamente a mesma massa molecular e correspondem a um alcano não ramificado, um alcano ramificado, um éter de cadeia carbônica longa, um álcool e um ácido carboxílico. Como identificar cada um utilizando um fusômetro (aparelho que mede faixas de fusão)?

> **» NO SITE**
> As respostas dos exercícios estão disponíveis no ambiente virtual de aprendizagem Tekne.

capítulo 5

Aulas práticas

Neste capítulo, apresentaremos práticas laboratoriais que envolvem os diversos conceitos abordados até aqui. Cada prática apresenta os materiais necessários e os procedimentos a serem seguidos, com perguntas formuladas a fim de estimular a pesquisa e verificar seu aprendizado.

Objetivos de aprendizagem

» Realizar experimentos variados que possibilitem perceber como as propriedades dos compostos orgânicos podem ser exploradas para o desenvolvimento de metodologias de análise de diversos materiais e insumos presentes em nosso cotidiano.

» Contextualizar o conteúdo trabalhado neste livro com experimentos que podem ser executados por técnicos em química em sua atividade profissional.

>> Caracterização de polímeros comerciais

> **» IMPORTANTE**
> A síntese de polímeros muitas vezes gera cadeias de tamanhos variados, motivo pelo qual, na caracterização do produto formado, utiliza-se mais frequentemente a massa molar média das cadeias.

Polímeros são substâncias de cadeias longas, formadas pela união de centenas a milhares de unidades estruturais. Denomina-se cada uma destas unidades estruturais como monômeros.

A reação usada na síntese de polímeros é denominada **reação de polimerização**, ocorrendo em várias etapas sequenciais. Como o polímero é uma molécula de cadeia muito longa, sua representação deve ser feita por meio de uma unidade de repetição evidenciada entre colchetes (Figura 5.1).

$$n\ CH_2 = CH_2 \xrightarrow{cat.} [\,CH_2 - CH_2\,]_n$$

Figura 5.1 Representação da reação de síntese do polietileno.

O polietileno (PE) é um polímero empregado na fabricação de diversos produtos, podendo ser encontrado na forma de polietileno de baixa densidade (PEBD) (Figura 5.2) e polietileno de alta densidade (PEAD) (Figura 5.3). O PEBD é obtido sob altas pressões, tendo cadeias ramificadas e resultando em materiais resistentes, porém maleáveis. Desta forma, o polietileno serve para a produção de sacolas plásticas, filmes para embalagens, etc. O PEAD, por sua vez, é obtido à pressão ambiente e, em contato com catalisadores especiais, gera cadeias não ramificadas ou pouco ramificadas. Estas cadeias se compactam melhor, formando um material mais denso e rígido, útil na fabricação de copos, canecas, etc.

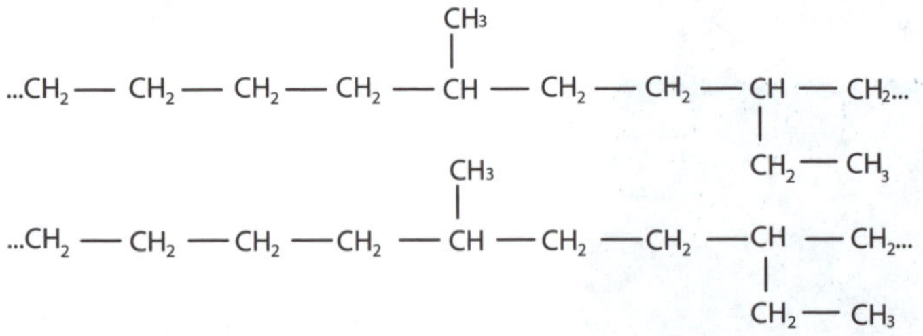

$$...CH_2-CH_2-CH_2-CH_2-\underset{\underset{CH_3}{|}}{CH}-CH_2-CH_2-CH-CH_2...$$
$$|$$
$$CH_2-CH_3$$

$$...CH_2-CH_2-CH_2-CH_2-\underset{\underset{CH_3}{|}}{CH}-CH_2-CH_2-CH-CH_2...$$
$$|$$
$$CH_2-CH_3$$

Figura 5.2 Representação estrutural do PEBD.

...CH₂ —— CH₂ —— CH₂ —— CH₂ —— CH₂ —— CH₂ —— CH₂ —— CH₂ —— CH₂...
...CH₂ —— CH₂ —— CH₂ —— CH₂ —— CH₂ —— CH₂ —— CH₂ —— CH₂ —— CH₂...

Figura 5.3 Representação estrutural do PEAD.

O polipropileno (PP) (Figura 5.4) é um polímero ramificado com um grupo metila em cada unidade de repetição, sendo empregado na fabricação de cordas, para-choques de automóveis, peças moldadas, tapetes, etc.

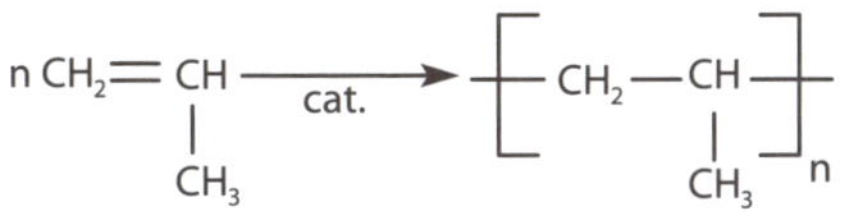

$$n\,CH_2=CH(CH_3) \xrightarrow{cat.} [CH_2-CH(CH_3)]_n$$

Figura 5.4 Representação da reação de síntese do PP.

Por sua vez, o cloreto de polivinila (PVC) (Figura 5.5) é um polímero halogenado, utilizado na fabricação de tubos de encanamento, calçados plásticos, filmes para embalagens, isolantes elétricos, pisos plásticos, garrafas plásticas, etc.

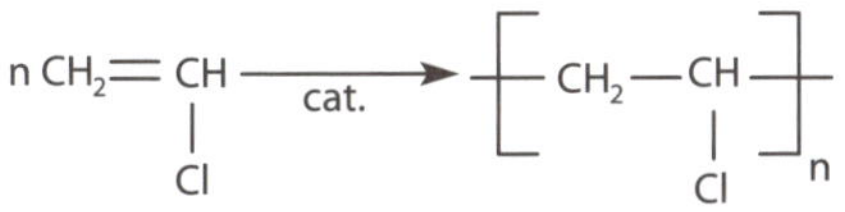

$$n\,CH_2=CH(Cl) \xrightarrow{cat.} [CH_2-CH(Cl)]_n$$

Figura 5.5 Representação da reação de síntese do PVC.

Já o poliestireno (PS) (Figura 5.6) é um polímero formado pela união de unidades de fenileteno (vinilbenzeno), e é usado na fabricação de xícaras, pratos, boias, isolantes térmicos, etc.; pode ainda ser facilmente reconhecido em sua forma de isopor.

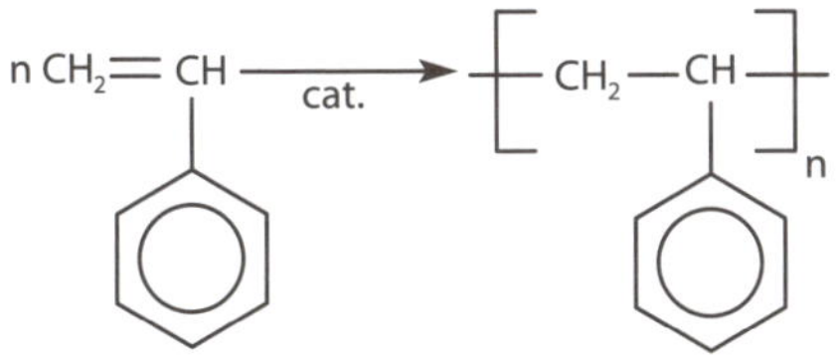

$$n\,CH_2=CH(C_6H_5) \xrightarrow{cat.} [CH_2-CH(C_6H_5)]_n$$

Figura 5.6 Representação da reação de síntese do PS.

Como último exemplo, o polietilenotereftalato (PET) é um poliéster de grande aplicação, reconhecido popularmente como a matéria-prima das garrafas plásticas de refrigerantes, e que compõe ainda o material de velas de barcos e fitas magnéticas. É formado a partir da reação entre os monômeros distintos ácido *p*-benzenodioico (ácido tereftálico) e etano-1,2-diol (etilenoglicol) (Figura 5.7).

$$n\ HO-\underset{\underset{O}{\|}}{C}-\underset{}{\bigcirc}-\underset{\underset{O}{\|}}{C}-OH + n\ HO-CH_2-CH_2-OH \xrightarrow{n\ H_2O} \left[\underset{\underset{O}{\|}}{C}-\underset{}{\bigcirc}-\underset{\underset{O}{\|}}{C}-O-CH_2-CH_2-O\right]_n$$

Figura 5.7 Representação da reação de síntese do PET.

Apesar da potencialidade tecnológica, tais polímeros apresentam um período de biodegradação muito longo, gerando um impacto ambiental considerável. A reciclagem tem se mostrado uma alternativa ao descarte definitivo, porém, todo material polimérico deve ser identificado (Figura 5.8) para que a coleta seletiva seja eficiente.

Figura 5.8 Simbologia internacional de reciclagem: 1=PET, 2=PEAD, 3=PVC, 4=PEBD, 5=PP, 6=PS e 7=outros.

Nesta prática, vamos comparar e separar amostras de polímeros comerciais por meio de testes físicos e químicos de bancada, relacionando as características dos polímeros com os conteúdos apresentados nos capítulos anteriores.

Amostras: cortes de 1 cm × 1 cm dos produtos comerciais PEBD, PP, PVC, PS (isopor) e PET.

Materiais e equipamentos: água destilada, propanona P. A., cinco provetas de 25 mL, cinco alças de cobre, uma tesoura, um béquer de 100 mL, cinco cadinhos de porcelana, uma caixa de fósforos, um bico de Bunsen e capela.

Planejamento: Os cinco materiais poliméricos serão separados entre si por uma sequência de experimentos. Inicialmente, todos os materiais são avaliados com relação à densidade da água. Os mais densos são então caracterizados de acordo com o teste de chama, e os menos densos, avaliados de acordo com o comportamento perante à propanona e à queima em cadinhos.

Procedimento:

a) *Avaliação da densidade dos polímeros em relação à água*: cada amostra de polímero deve ser inserida em uma proveta de 25 mL com água. As amostras cuja densidade for maior do que a da água afundarão e as de menor densidade flutuarão. As amostras de maior densidade passam para a etapa (b), enquanto as demais são direcionadas à etapa (c).
b) *Teste de chama*: para cada amostra, retire um pequeno fragmento e, separadamente, o insira sobre a respectiva alça de cobre e faça o teste de chama utilizando um bico de Bunsen. Se a cor da chama for verde, comprova-se que o polímero é o PVC. Se a cor for amarela, o polímero é o PET.
c) *Avaliação dos polímeros frente à propanona*: em um béquer de 100 mL com 50 mL de propanona, insira cada amostra de polímero. O polímero que se deformar no solvente será caracterizado como PS. Os demais serão direcionados à próxima etapa.
d) *Queima em cadinho*: em uma capela, os polímeros devem ser inseridos em cadinhos distintos, onde serão queimados ao encostar em palitos de fósforos acesos. Se a chama formada apresentar nuances azuis, caracteriza-se como PEBD; se forem amarelos, como PP.

> **» DICA**
> Construa tabelas para anotar o resultado de cada teste. Isso facilitará sua interpretação.

» Agora é a sua vez!

1. Qual foi o perfil estrutural identificado nos polímeros que apresentaram menor densidade do que a água? Explique o fundamento teórico que sustenta a eficácia deste teste.
2. Por que a propanona deforma o PS quando em contato, enquanto o PP se mantém intacto?
3. Qual é a diferença básica entre o PET e os demais polímeros estudados?
4. Os polímeros PS, PP e PEAD apresentam similaridade estrutural. Qual seria a classificação de suas cadeias carbônicas?
5. Por que o PEBD forma peças maleáveis? Explique em função da estrutura química.

(Continua)

Agora é a sua vez! (Continuação)

6. Identifique todos os grupos funcionais dos monômeros do PET e diga qual função orgânica cada um determina.
7. Existe isomeria geométrica nos monômeros do PP, do PS e do PVC? Justifique.
8. Procure em *sites* confiáveis a estrutura de repetição do Teflon, composto usado como revestimento de frigideiras antiaderentes. Com base na estrutura de repetição, monte a equação química da reação de formação do Teflon.
9. Considere todos os monômeros apresentados nesta prática. Escreva seus nomes de acordo com a IUPAC e identifique quais devem ser solúveis em hexano e quais são solúveis em água. Justifique.
10. Considere os monômeros do PS, do PET e do PVC. Identifique a hibridização de cada carbono nos referidos monômeros.

Determinação da acidez livre de óleos vegetais

> **DEFINIÇÃO**
> Acidez livre corresponde ao teor de ácidos na amostra (% m·m^{-1}), com base no ácido oleico.

Atualmente há uma grande variedade de óleos vegetais comestíveis disponíveis para a compra, sendo os mais comuns os óleos de soja e milho e os azeites de oliva (tradicional, virgem, extravirgem e composto).

Sua composição é variada, dependendo do processo de fabricação, tendo como compostos majoritários os triacilgliceróis e, em menor escala, ácidos graxos, vitaminas, pigmentos (Figura 5.9), etc.

Os óleos vegetais refinados, como o óleo de soja, apresentam acidez livre menor do que os não refinados, como o azeite de oliva extravirgem, pois, durante o processo de fabricação, os ácidos presentes são quase completamente neu-

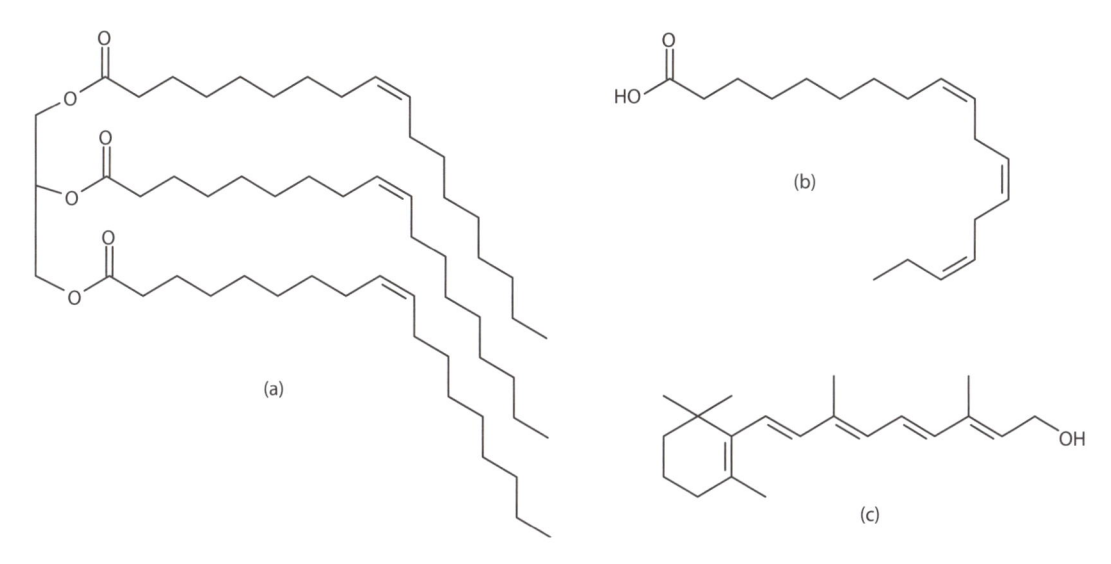

Figura 5.9 Exemplos de constituintes de óleos vegetais: a) Triacilglicerol trioleína, b) ácido graxo (ácido linolênico) e c) vitamina A.

tralizados por soluções de caráter básico. Já os azeites de oliva extravirgem tendem a manter a acidez livre natural dos frutos das oliveiras, uma vez que sua extração é mecânica e à temperatura ambiente.

As indústrias de óleos vegetais procuram determinar a acidez livre dos seus produtos antes de comercializá-los, pois a legislação brasileira estabelece limites máximos.

Por fim, independentemente do produto, se qualquer óleo vegetal for exposto por longo tempo a aquecimento e/ou em contato com o ar, seus constituintes sofrerão diversas alterações químicas, resultando na modificação das características do produto, dentre as quais citamos o aumento de acidez.

Nesta prática, vamos comparar amostras comerciais de óleo de soja e azeite de oliva extravirgem por meio da análise de acidez livre, relacionando as características dos óleos vegetais aos conteúdos apresentados nos capítulos anteriores.

Amostras: óleo de soja e azeite de oliva extravirgem.

Materiais e equipamentos: uma balança semianalítica, um forno micro-ondas, seis erlenmeyeres de 125 mL, uma espátula de metal, uma proveta de 25 mL, solução de etoxietano-etanol 2:1 previamente neutralizada, solução de fenolftaleína 1% (m·V^{-1}) em etanol, NaOH 0,01 mol·L^{-1} padronizada, uma bureta de 25 mL, uma haste universal e duas garras com mufa.

> **» IMPORTANTE**
> Os azeites de oliva extravirgem só podem ser comercializados com acidez livre igual ou menor a 0,80% mg·g^{-1}. Já o óleo de soja refinado, deve apresentar acidez livre menor ou igual a 0,60 % mg·g^{-1}.

Planejamento: As análises quantitativas de cada uma dessas amostras comerciais deve ser realizada nas seguintes condições:

a) *in natura*
b) aquecida em micro-ondas por 10 minutos e
c) após serem mantidas em contato com o ar livre por uma semana.

Procedimento: 2 g da amostra são medidos e transferidos para um erlenmeyer de 125 mL. Com uma proveta de 25 mL, adicione 25 mL de solução de etoxietano-etanol 2:1 previamente neutralizada. Em seguida, adicione duas gotas do indicador fenolftaleína 1% (m·V^{-1}) em etanol. Titule a solução do óleo vegetal com uma solução de NaOH 0,01 mol·L^{-1} padronizada até o surgimento de uma coloração rósea, persistente por, no mínimo, 30 segundos. Anote o volume gasto.

O cálculo da acidez livre (% Ac) é realizado por meio da Equação 1:

$$\% Ac = \left(\frac{V \cdot f \cdot C \cdot 28,2}{m} \right) \quad \begin{array}{l} V = \text{volume de amostra titulado (mL)} \\ f = \text{fator de correção do NaOH} \\ C = \text{concentração do NaOH (mol·L}^{-1}\text{)} \\ m = \text{massa da amostra (g)} \end{array} \quad (1)$$

» Agora é a sua vez!

1. Qual classe de substâncias encontrada nos óleos vegetais é responsável por sua acidez? Justifique.
2. Identifique os grupos funcionais das classes de compostos que compõem os óleos vegetais (Figura 5.9).
3. A vitamina A é lipossolúvel (tem baixa polaridade) ou hidrossolúvel (tem alta polaridade)? Justifique.
4. O azeite de oliva extravirgem também apresenta as vitaminas D e K. Elas são hidrossolúveis? Pesquise em livros ou em *sites* confiáveis para responder a questão.
5. O triacilglicerol e o ácido graxo apresentados como exemplos na Figura 5.9 apresentam que tipo de isomeria? Justifique.
6. Procure em livros ou em *sites* de confiança a estrutura de uma gordura *trans*. Algum dos exemplos da Figura 5.9 pode ser considerado uma gordura *trans*? Justifique.
7. O triestearato é um triacilglicerol similar ao trioleato, tendo como diferença básica 3 cadeias carbônicas saturadas. Com base nas interações inter e intramoleculares, explique por que o trioleato é um óleo (líquido) e o triestearato é uma gordura (sólido) à temperatura ambiente.

(Continua)

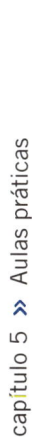

Agora é a sua vez! *(Continuação)*

8. O ácido linolênico é considerado um ácido graxo ômega-3. Considerando o sistema de numeração dos carbonos da cadeia principal, qual é a origem da classificação "ômega-3"?
9. Por que é utilizada a solução de éter-álcool 2:1 em vez de água destilada? Justifique.
10. Se um pedaço de bacon é frito em uma frigideira, sua gordura é convertida em óleo? Justifique.

Determinação do teor de etanol na gasolina comercial

A gasolina é um combustível de grande importância para os veículos automotivos, e é derivada da destilação do petróleo (30 a 220 °C). Seus componentes principais são hidrocarbonetos de cadeia curta, entre 4 e 12 carbonos, podendo apresentar cadeias acíclicas, cíclicas ou mistas. Além dos hidrocarbonetos, a gasolina é composta minoritariamente por compostos orgânicos oxigenados, sulfurados, entre outros.

As gasolinas comum e aditivada comercializadas nos postos de combustíveis do Brasil (gasolinas tipo C) correspondem majoritariamente a uma mistura de gasolina pura (tipo A) e etanol combustível, sendo a proporção definida pelo Governo Federal e divulgada no Diário Oficial da União. Atualmente, o teor de etanol deve ser igual a 25% (v·v^{-1}), com tolerância de ± 1% (v·v^{-1}).

A variação do teor de etanol na gasolina tem grande impacto econômico, tendo em vista a produção de cana-de-açúcar, a matéria-prima empregada na extração da sacarose que será convertida em etanol, bem como a manutenção do preço da gasolina vendida nos postos.

> **IMPORTANTE**
> O etanol ajuda a aumentar a octanagem da gasolina, facilitando a detonação do combustível para gerar energia, e reduz a quantidade de monóxido de carbono (CO) eliminado.

Desta forma, avaliar se a mistura está sendo realizada de acordo com a lei garante não só os benefícios citados, mas assegura ao consumidor que a gasolina comprada não está adulterada com grandes volumes de etanol, comparativamente mais barato.

Nesta prática, vamos determinar o teor de álcool combustível na gasolina comercial em amostras por meio do método de extração líquido-líquido, bem como provar que a extração do etanol foi bem-sucedida por meio da determinação da densidade do sistema resultante após a extração.

Amostras: gasolina comum (tipo C) de dois postos distintos. Três amostras, preparadas pelo professor, contendo gasolina misturada com etanol em proporções diferentes.

Materiais e equipamentos: uma balança semianalítica, solução aquosa de cloreto de sódio (NaCl) 10% m·v^{-1}, etanol P. A., cinco provetas de 100 mL com tampa, cinco balões volumétricos de 5 mL com tampa e cinco pipetas de Pasteur de 2 mL.

Planejamento: Inicialmente, o teor de etanol nas gasolinas dos postos de combustível é determinado e comparado com a referência. Em seguida, realiza-se a determinação do teor de etanol nas amostras preparadas pelo professor. Por fim, obtém-se a densidade das amostas de gasolina após a extração do etanol.

Procedimento:

a) *Determinação do teor de etanol na gasolina:* Insira 50 mL (V_1) da amostra em uma proveta de 100 mL. Em seguida, complete o volume da proveta com a solução de NaCl 10% m·v^{-1} e feche a tampa. Agite a mistura vigorosamente por 30 s e, então, deixe o recipiente em repouso até que as duas fases estejam estabilizadas. Meça o volume final da fase orgânica (V_2) e calcule o teor de etanol (T_{et}) de acordo com a Equação 2:

$$T_{et} = \left(\frac{V_1 - V_2}{V_1} \right) \cdot 100\% \qquad \begin{array}{l} T_{et} = \text{teor de etanol na gasolina, em \%} \\ V_1 = \text{volume inicial de gasolina, em mL} \\ V_2 = \text{volume final de gasolina, em mL} \end{array} \qquad (2)$$

b) *Determinação da densidade das amostras de gasolina:* Inicialmente, deve-se medir a massa do balão volumétrico de 5 mL vazio, rigorosamente seco e com tampa na balança semianalítica. Em seguida, preencha o volume do balão com a amostra, sendo a fração final do volume adicionada com a pipeta de Pasteur. Por fim, feche a tampa do balão volumétrico e meça a massa do conjunto na balança analítica. A densidade é calculada de acordo com a Equação 3. Repita este procedimento para cada uma das demais amostras:

$$d = \left(\frac{m_2 - m_1}{V} \right) \qquad \begin{array}{l} d = \text{densidade da amostra (g·mL}^{-1}\text{)} \\ m_1 = \text{massa do balão volumétrico seco (g)} \\ m_2 = \text{massa do balão volumétrico com a amostra (g)} \\ V = \text{volume do balão volumétrico (mL)} \end{array} \qquad (3)$$

Agora é a sua vez!

1. Pesquise: por que a solução aquosa de NaCl é capaz de extrair o etanol dissolvido na gasolina?
2. Pesquise: por que, em vez de utilizar a solução aquosa de NaCl, não é empregada água pura?
3. Se a gasolina fosse incolor, como seria possível identificar sua fase dentro da proveta?
4. Em relação às gasolinas tipos A e C, respectivamente, o que esperar da densidade da gasolina cujo conteúdo de etanol foi extraído? (Confira os resultados com os valores esperados de densidade da gasolina tipo A.)
5. Por que a gasolina apresenta volatilidade considerável à pressão e temperatura ambiente?
6. Por que o etanol consegue dissolver tanto na solução aquosa quanto na gasolina?
7. Procure a estrutura química do isoctano, o padrão de referência para medir a octanagem da gasolina. Represente a estrutura química de pelo menos 3 isômeros constitucionais.
8. Se a adição da gasolina ocorresse depois da adição da solução aquosa de NaCl, isso levaria a algum erro extra? Justifique.
9. Suponha que a gasolina comum foi adulterada com óleo diesel. O método de extração líquido-líquido seria capaz de identificar o teor de etanol? E o teor de óleo diesel? Justifique.

>> Estudo de algumas propriedades tecnológicas do polvilho azedo

Introdução: O amido é um polímero natural formado por duas partes distintas: a α-amilose e a amilopectina (Figura 5.10). Para a indústria de alimentos, o produto nomeado como amido é obtido quando extraído das partes aéreas comestíveis de vegetais, como sementes e frutos. Quando o produto é extraído das partes subterrâneas comestíveis como tubérculos e raízes, passa a ser conhecido como fécula. Exemplos comerciais são os amidos de milho e de arroz e as féculas de mandioca e de batata.

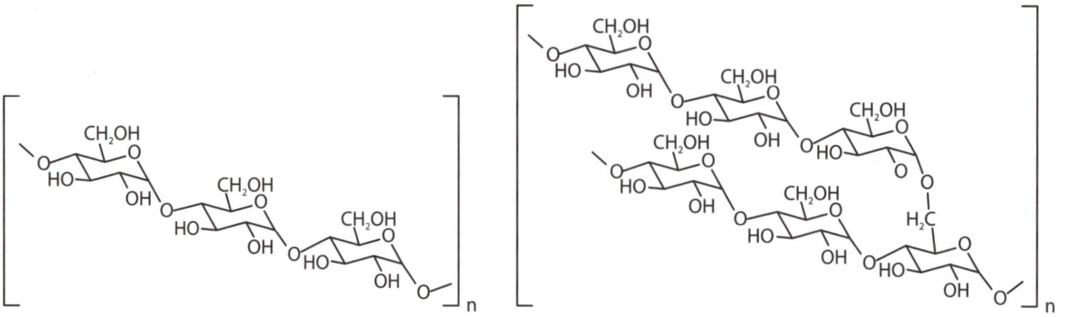

Figura 5.10 Representação estrutural da a) α-amilose e da b) amilopectina.

Sua utilidade é variada, sendo empregado principalmente nas indústrias de alimentos e papel e, em menor escala, nas indústrias farmacêutica, química, de cosméticos, de fermentação, entre outras.

O polvilho azedo é um produto comercial derivado da fécula de mandioca, elaborado após um período de fermentação e de exposição à luz solar. A fermentação é responsável por acidificar o meio e promover a hidrólise de parte das ligações que unem os monômeros do amido. Já a exposição solar favorece reações de oxidação. Tais características geram produtos de boa expansibilidade e com perda de água (sinerese) lenta ao longo do tempo. Como a obtenção do polvilho doce e do amido/fécula se dão por processos mais brandos, eles expandem pouco e podem apresentar sinerese variada.

A capacidade de expansão é uma propriedade tecnológica muito importante, responsável pelo aumento do volume de produtos comerciais como o pão de queijo e o biscoito de polvilho mesmo sem a adição de fermento ou glúten. O pH ácido do polvilho azedo, por sua vez, é consequência da etapa de fermentação, fundamental para otimizar a expansibilidade. Por fim, as etapas fermentativa e de exposição solar retardam a retrogradação do polvilho azedo, caracterizada por aumentar a opacidade e a sinerese sob condições de resfriamento.

Nesta prática, vamos comparar amostras comerciais de polvilho azedo, polvilho doce e fécula de mandioca por meio de análises físico-químicas, associando os resultados com suas características tecnológicas e relacionando as características do polvilho azedo com os conteúdos apresentados nos capítulos anteriores.

Amostras: polvilho azedo, polvilho doce e fécula de mandioca.

Materiais e equipamentos: uma balança semianalítica, uma geladeira, um espectrofotômetro VIS, uma estufa, um termômetro de mercúrio (-10 °C a 300 °C), duas cubetas de acrílico, um pHmetro, um agitador magnético, uma barra magnética, um bastão de vidro, seis béqueres de 250 mL, uma proveta de 100 mL, duas provetas de 50 mL, uma bandeja de metal, uma espátula de metal, um par de luvas térmicas e uma régua de plástico.

Planejamento: A prática é dividida em três etapas. Na primeira etapa, as amostras são comparadas em relação ao índice de expansão, procurando avaliar qual sofreu hidrólise parcial durante sua produção. A segunda etapa é responsável por comparar o pH entre as amostras de polvilho e fécula de mandioca, relacionando seu valor à presença de fermentação durante a fabricação dos produtos comerciais. Por fim, a terceira etapa determina o comportamento de retrogradação dos produtos comerciais, verificando qual amostra se torna opaca mais lentamente ao longo do tempo. Porém, como a aquisição dos dados para construir o gráfico de avaliação é demorada (dias), recomenda-se que a amostra esteja preparada antes da prática para possibilitar a aquisição de dados. Os demais dados serão adquiridos e passados pelo professor.

Procedimento:

a) *Determinação do índice de expansão (IE):* Verter 40 mL de água destilada fervente (medida em proveta de 50 mL) sobre 50 g de amostra em uma bandeja de metal. Imediatamente, com o auxílio de uma espátula e de luvas térmicas, misture o conjunto e, em seguida, divida a massa formada em 5 partes iguais. Cada parte deve ser enrolada separadamente, formando uma esfera. Com o auxílio de uma régua, meça o diâmetro (d), em cm, de cada esfera. Em seguida, as 5 esferas são colocadas em uma bandeja de metal e levadas a uma estufa, onde permanecem por 25 min, a 200 °C. Após o aquecimento, os diâmetros são medidos novamente. Por fim, calcule o volume (V) de cada esfera (Equação 4) e determine a média dos valores obtidos.

$$V_x = \left(\frac{4}{3}\right) \cdot 3{,}14 \cdot \left(\frac{d_x}{2}\right)^3 \quad \begin{array}{l} V_x = \text{volume, em cm}^3\text{, da esfera x} \\ d_x = \text{diâmetro, em cm, da esfera x} \end{array} \quad (4)$$

b) *Determinação do potencial hidrogeniônico (pH)*: 25g de amostra são inseridos em um béquer de 250 mL que, em seguida, recebe 50 mL de água destilada por meio de uma proveta de 50 mL. Por fim, a mistura é agitada com um agitador magnético e, em seguida, o pH é medido com um pHmetro.

c) *Avaliação da retrogradação*: inicialmente, o espectrofotômetro deve ser calibrado para leituras a 625 nm, modo de transmitância e com água destilada como branco. O preparo de cada amostra é realizado da seguinte forma: 200 mg de amostra e 100 mL de água destilada, utilizando uma proveta de 100 mL, são inseridos em um béquer de 250 mL. Em seguida, a mistura deve ser agitada com um bastão de vidro enquanto é aquecida sobre uma chapa de aquecimento até ocorrer a gelatinização.

A amostra deve ser resfriada à temperatura ambiente para, depois, passar para uma geladeira (4 °C). Ao alcançar a temperatura de 4 °C, parte do conteúdo é transferida para uma cubeta de acrílico, a qual é usada na leitura espectrofotométrica. Realize leituras diárias até que a transmitância estabilize. Por fim, organize os dados em um gráfico para avaliar visualmente a variação da transmitância (eixo y) com o tempo (dias).

Agora é a sua vez!

1. A acidez do polvilho azedo se deve à formação do ácido lático. Procure a estrutura química do ácido lático, identifique seus grupos funcionais e diga qual é a função orgânica determinada por cada grupo.
2. Explique detalhadamente qual interação intermolecular é responsável pela retrogradação espontânea (aproximação das cadeias de α-amilose e de amilopectina). Aproveite e associe a sua resposta ao efeito de sinerese.
3. A exposição solar converte alguns carbonos primários alcoólicos em grupos carboxilas. Represente a estrutura da α-amilose com pelo menos duas carboxilas provenientes de tais carbonos.
4. Com base nas representações estruturais dos constituintes do amido/fécula, é possível explicar por que o amido apresenta baixa solubilidade em água à temperatura ambiente? Justifique sua resposta.
5. Procure as estruturas químicas da D-glicose (monômero do amido/fécula) e da D-galactose (um dos açúcares do leite de vaca). Ao compará-las, qual é sua relação isomérica? Justifique.
6. Represente as estruturas dos componentes do amido/fécula associadas ao polvilho azedo e à fécula de mandioca.
7. Qual das curvas de retrogradação a seguir seria próxima à de um polvilho azedo de alta qualidade? Justifique.

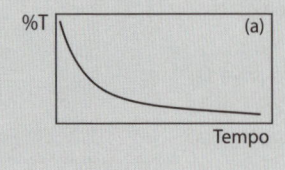

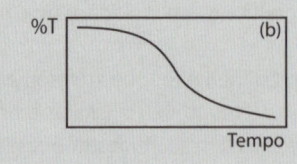

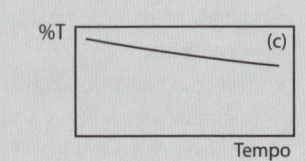

Química orgânica: estrutura e propriedades

Determinação do teor de tensoativo em detergentes comerciais

Detergentes, sabonetes, xampus, pastas de dentes, etc., são produtos comerciais cujos compostos responsáveis por sua eficácia são os **tensoativos**.

Existem várias classes de tensoativos. Dependendo do produto, o tensoativo pode ser aniônico, catiônico, neutro ou anfótero. Os detergentes comuns apresentam tensoativos aniônicos, sendo mais comum o dodecilbenzenossulfonato de sódio (DBS). Como se pode observar em sua estrutura química, a parte negativa (polar) equivale ao grupo sulfonato, e a sequência carbônica acíclica (12 carbonos) apresenta baixa polaridade.

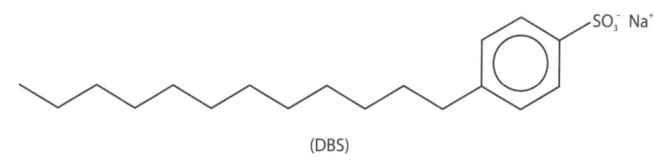

(DBS)

Tensoativos como o DBS são capazes de eliminar as sujidades por meio de arranjos denominados **micelas**. Sua estrutura equivale à interação entre as cadeias de tensoativos de forma que a parte de baixa polaridade fica orientada para dentro, e a parte polar, para fora, em contato com a água.

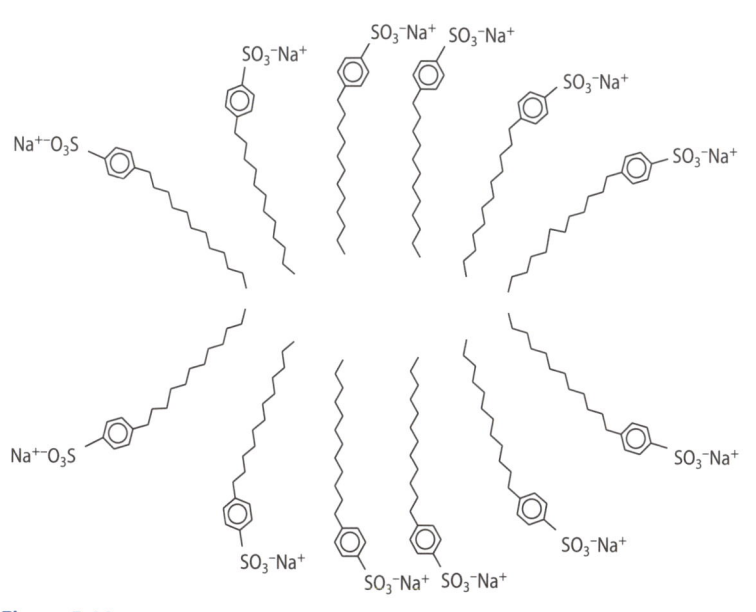

Figura 5.11 Representação de uma micela.

> **DEFINIÇÃO**
> **Tensoativo** é uma substância química que apresenta regiões de polaridades distintas em sua estrutura e que, portanto, consegue promover a remoção de moléculas apolares e pouco polares no processo de lavagem com água.

> **IMPORTANTE**
> Tensoativos de cadeia carbônica ramificada apresentam menor capacidade de biodegradação, gerando resíduos de grande permanência no meio ambiente.

Por sua vez, os métodos de determinação do teor de tensoativos em produtos comerciais são uma das principais ferramentas de controle de qualidade das empresas, pois garantem a capacidade de limpeza e a similaridade entre os diferentes lotes.

Nesta prática, vamos quantificar o teor de tensoativo aniônico presente em amostras de detergentes comerciais. O método a ser utilizado tem como princípio básico a interação entre o DBS e o indicador azul de metileno (AM) (Equação 5) e, em seguida, a interação entre o DBS e o tensoativo catiônico cloreto de benzalcônio (CB) em um processo titulométrico (Equação 6).

DBS (fa) + AM (fa) ➔ DBS-AM (fo)

DBS = tensoativo aniônico dodecilbenzenossulfonato de sódio
AM = indicador azul de metileno (5)
DBS-AM = associação entre o tensoativo aniônico e o indicador
fa = fase aquosa
fo = fase orgânica

DBS-AM (fo) + CB (fa) ➔ DBS-CB (fo) + AM (fa)

DBS-AM = associação entre o tensoativo aniônico e o indicador
CB = titulante cloreto de benzalcônio (6)
DBS-CB = associação entre o tensoativo aniônico e o cloreto de benzalcônio
AM = indicador azul de metileno
fa = fase aquosa
fo = fase orgânica

Amostras: 3 detergentes comerciais incolores de marcas distintas.

Materiais e equipamentos: três balões volumétricos de 1000 mL, uma balança semianalítica, uma bureta de 50 mL, uma haste universal, duas garras com mufa, seis erlenmeyers de 250 mL, solução aquosa de cloreto de benzalcônio 0,004 mol·L^{-1}, solução aquosa de azul de metileno 0,02% (m · V^{-1}), solução aquosa de sulfato de sódio 6,6% (m · V^{-1}), ácido sulfúrico concentrado, clorofórmio P. A., uma pipeta de Pasteur de 2 mL, seis provetas de 100 mL com tampa, três béqueres de 100 mL e uma pipeta com água destilada.

Planejamento: Cada amostra de detergente comercial deve ser preparada como uma solução diluída e, em seguida, utilizada na titulação com cloreto de benzalcônio. Por fim, emprega-se o volume encontrado na Equação 7 para encontrar o teor do tensoativo.

Procedimento: Inicialmente, meça 25 g da amostra de detergente em um béquer de 100 mL. Em seguida, transfira quantitativamente o conteúdo com o auxílio de água destilada para um balão de 1.000 mL, cujo volume é completado de modo a formar uma solução de concentração definida.

> **» DICA**
> Para evitar que as bolhas atrapalhem a visualização do menisco, antes de completar o volume (1.000 mL), insira uma pequena quantidade de etanol sobre as bolhas. Em seguida, cuidadosamente insira o volume restante de água destilada.

Transfira 50 mL do volume da solução diluída de detergente para a proveta de 100 mL e, então, insira 25 mL de clorofórmio. Complete o volume da proveta de 100 mL com 5 mL de solução aquosa de azul de metileno 0,02% (m · V^{-1}), 19,5 mL de solução aquosa de sulfato de sódio 6,6% (m · V^{-1}) e 0,5 mL de ácido sulfúrico concentrado, este adicionado aos poucos e lentamente para evitar acidentes. Tampe a proveta e agite a mistura vigorosamente por um minuto.

Enquanto as fases imiscíveis se estabilizam, prepare o sistema de titulação com a haste universal, um erlermeyer de 250 mL e a bureta presa na haste por duas garras com mufas. Preencha a bureta com a solução de cloreto de benzalcônio 0,004 mol·L^{-1}, tire as bolhas de ar do sistema e inicie a titulação.

A titulação inicial é feita com porções de 0,5 mL, sendo que, a cada inserção, deve-se agitar vigorosamente a proveta tampada e aguardar a estabilização das fases. Considere que o ponto final da titulação será atingido quando as duas fases apresentarem a mesma coloração.

Por fim, calcule o teor do tensoativo por meio da Equação 7.

$$T = \left(\frac{348 \cdot C \cdot V \cdot f_c \cdot 10}{m} \right) \quad (7)$$

T = teor do tensoativo (%)
C = concentração do cloreto de benzalcônio (mol·L^{-1})
V = volume da solução de cloreto de benzalcônio (mL)
f_c = fator de correção da solução de cloreto de benzalcônio
m = massa (g) do detergente usada para elaborar a solução diluída

» DICA

A titulação não ocorre como de praxe. Inicialmente, faça uma titulação mais grosseira, buscando o volume aproximado de titulante para, depois, realizar o procedimento adequado.

Agora é a sua vez!

1. Pesquise em *sites* confiáveis as estruturas químicas do azul de metileno e do cloreto de benzalcônio. Em seguida, explique as interações que ocorrem entre tais substâncias e o DBS e a sequência de reações mostrada nas Equações (5) e (6).
2. Identifique a posição relativa entre os grupos substituintes do anel benzênico do DBS usando a nomenclatura *o*, *m* e *p*.
3. Cite três razões que justificam a utilização do clorofórmio na titulação.
4. Com base no raciocínio empregado na construção do nome do DBS, desenhe a estrutura química do *m*-hexadecilbenzenosulfonato de potássio.
5. Desenhe a fórmula estrutural de pontos do ânion sulfonato do DBS.
6. O cloreto de benzalcônio também pertence à classe dos tensoativos. Pesquise sua estrutura química e clasifique-o em aniônico ou catiônico.
7. O que ocorreria às micelas se fossem submetidas a uma solução de etanol:água 1:1? Justifique.
8. Suponha que a sequência carbônica acíclica do DBS apresentasse uma insaturação de configuração *cis* em seu centro. Como seria a representação da micela?
9. Por que o DBS é sólido à temperatura ambiente?
10. A estrutura química do azul de metileno é similar à estrutura de qual hidrocarboneto aromático estudado? Os grupos externos, ligados à parte aromática, são grupos funcionais de que função orgânica?
11. As micelas de tensoativos como o DBS seriam estáveis com sequências carbônicas acíclicas de dois carbonos? Justifique.

Síntese do ácido acetilsalicílico (AAS) e do salicilato de metila

O ácido salicílico (AS) e seus derivados pertencem à classe de fármacos dos anti-inflamatórios não esteroidais, capazes de aliviar os efeitos da inflamação, como calor, vermelhidão e dor (efeito analgésico). Esses medicamentos possuem ainda a capacidade de reduzir a febre (efeito antitérmico).

NA HISTÓRIA

Há relatos de que o ácido salicílico foi descoberto por Hipócrates, médico que atuou no século V a.C. e que utilizava cascas de salgueiro, *Salix alba*, para tratar seus pacientes, promovendo o alívio das dores e da febre. Em 1828, o farmacêutico Henri Leroux isolou o princípio ativo da casca do salgueiro, a salicina (1), que, ao ser ingerida, é metabolizada pelo organismo, resultando no ácido salicílico (2). Em 1860, Kolbe e Lauteman sintetizaram o ácido salicílico e seu sal sódico a partir do fenol. Em 1897, a indústria farmacêutica Bayer sintetizou o ácido acetilsalicílico, o "AAS" (3). O salicilato de metila (4) foi extraído em 1843 da planta Sempre-viva (*Gualtheria*) e, por isso, também é conhecido como óleo de Sempre-viva. Os medicamentos que contêm este princípio ativo (por exemplo, o Gelol®) são utilizados no combate a dores musculares localizadas.

Síntese do ácido acetilsalicílico

Esta prática será dividida em duas etapas. Na primeira, será realizada a síntese do ácido acetilsalicílico e a purificação. Na segunda etapa, serão realizados os testes de pureza e o cálculo do rendimento.

» **ATENÇÃO**
O ácido sulfúrico, se em contato com a pele, pode causar graves queimaduras.

» **DICA**
Caso os cristais demorem a surgir, resfrie o erlenmeyer em banho de gelo para acelerar a cristalização e aumentar o rendimento da reação.

Reagentes: ácido salicílico e anidrido etanoico (anidrido acético), ácido sulfúrico concentrado, etanol P. A. e solução de $FeCl_3$ 1% (m^{v-1}).

Materiais e equipamentos: uma balança semianalítica, dois erlenmeyeres de 100 mL, uma proveta de 10 mL, uma pipeta de Pasteur, banho-maria, montagem de filtração à pressão reduzida, um bastão de vidro, um béquer de 50 mL, uma proveta de 50 mL, um tubo de ensaio, um fusômetro e um tubo capilar.

Procedimento:

a) *Síntese do ácido acetilsalicílico*: Pese 1g de ácido salicílico e transfira para um erlenmeyer de 100 mL, adicionando 4,0 mL de anidrido acético medidos em uma proveta e 5 gotas de ácido sulfúrico concentrado.
Aqueça a mistura em banho-maria a 50 - 60 °C durante 10 minutos, agitando a mistura de vez em quando. Remova o erlenmeyer do banho-maria e adicione 30 mL de água destilada. Deixe a mistura esfriar ao ar para que se formem os cristais.
Filtre a mistura à pressão reduzida utilizando o funil de Buchner. Os cristais obtidos devem ser lavados, em pequenas porções, com 10 mL de água destilada gelada. Deixe a bomba de vácuo ligada até que todo o solvente tenha sido removido e os cristais estejam secos (5 - 10 minutos).

b) *Purificação por recristalização*: Em um erlenmeyer, dissolva os cristais obtidos na menor quantidade possível de etanol a quente (2 - 3 mL). Adicione a solução alcoólica a 5 mL de água em ebulição.
Transfira a solução para um béquer e deixe esfriar lentamente para que os cristais se formem.
Caso isso não ocorra, raspe as paredes do béquer com o bastão de vidro e coloque a solução em banho de gelo.
Repita o processo de filtração a vácuo e realize o teste de pureza.

c) *Testes de pureza*: Adicione uma pequena quantidade (ponta de espátula) de cristais de produto formado e recristalizado em um tubo de ensaio contendo 1 mL de água. Em seguida, adicione uma gota de solução de cloreto férrico a 1%. Caso haja ácido salicílico, ocorrerá a formação de um complexo entre a hidroxila fenólica e o íon férrico, levando à formação de uma solução avermelhada. A pureza pode, ainda, ser determinada por meio da faixa de fusão (135 - 136 °C).

d) *Rendimento*: Com o produto seco, faça o cálculo do rendimento de acordo com a Equação 8.

$$Rendimento = \frac{m_{ob}}{m_{reag} \cdot 1,304} \cdot 100\% \tag{8}$$

m_{ob} = massa do produto obtido (g)
m_{reag} = massa de reagente empregado (g)

Síntese do salicilato de metila

Esta prática será dividida em três etapas. Na primeira, será realizada a síntese propriamente dita. Na segunda etapa, será realizada a purificação e na terceira etapa, serão realizados o teste de pureza e o cálculo do rendimento.

Reagentes e solventes: ácido salicílico, ácido sulfúrico, metanol, etanoato de etila, hexano, ácido etanoico e iodo sólido.

Materiais e equipamentos: uma balança semianalítica, duas provetas de 50 mL, um balão de 100 mL de fundo redondo, pérolas de vidro, duas espátulas, haste universal, duas garras com mufas, uma proveta de 100 mL, uma cuba cromatográfica, três béqueres de 50 mL, três provetas de 10 mL, um balão de 50 mL de fundo redondo, uma proveta de 5 mL, manta aquecedora, um condensador de bolas, um termômetro de mercúrio (-10 °C a 300 °C), uma montagem de destilação simples, um funil de separação de 100 mL, um bastão de vidro, um erlenmeyer 100 mL e dois béqueres de 100 mL.

Procedimento:

a) *Síntese do salicilato de metila*: Em um balão de 100 mL de fundo redondo contendo pérolas de vidro, adicione 1g de ácido salicílico, 40 mL de metanol e 2 mL de ácido sulfúrico. Acople o condensador de bolas e deixe sob refluxo por quatro horas. Desligue o sistema e deixe esfriar à temperatura ambiente.

b) *Purificação*: Execute uma destilação simples, para retirar o excesso de metanol do meio reacional (P_{eb} 65 °C) e deixe o sistema esfriar. Após resfriamento, verta a mistura em um funil de separação contendo 50 mL de água. Agite a mistura, deixe em repouso até que a camada inferior (fase orgânica – produto) se separe da camada superior (fase aquosa). Em seguida, colete separadamente cada fase em um béquer de 100 mL. Guarde a fase aquosa para posterior neutralização e descarte.
Retorne a fase orgânica para o funil e repita o processo com outros 50 mL de água. Em seguida, lave a fase orgânica com 25 mL de solução saturada de bicarbonato de sódio e agite até parar a liberação de gás. Devido ao desprendimento de gás, abra a torneira após cada agitação.
Separe a fase orgânica e despreze a solução de bicarbonato junto com as outras fases aquosas. Repita o processo de lavagem utilizando 25 mL de água. A fase orgânica deve ser seca com sulfato de magnésio anidro, filtrada em um balão de 50 mL de fundo redondo e submetida à destilação simples.
Em um frasco previamente pesado, colete todo o líquido que destilar a temperaturas acima de 110 °C. Desligue o aquecimento assim que a maior parte do líquido tiver sido destilado. Pese o frasco contendo o líquido coletado e calcule o rendimento.

c) *Testes de pureza*: é feito por meio da cromatografia em camada delgada (CCD), usando como padrão o salicilato de metila (PA) e o ácido salicílico, a fase móvel do etanoato de etila:hexano:ácido etanoico 45:50:5 e um revelador de vapor de iodo.

>> **DICA**
É possível empregar destilação à pressão reduzida, uma vez que a faixa de ebulição do salicilato de metila é elevada (220 - 224 °C) e, em tais temperaturas, pode ocorrer a degradação parcial dos produtos.

>> **DICA**
Caso não haja separação de fases, ao executar o item b, adicione 30 mL de clorofórmio à emulsão formada.

>> **DICA**
Caso tenha adicionado clorofórmio (P_{eb} 60 °C), troque o frasco coletor ao final da destilação deste solvente, o que pode ser verificado por meio do aumento da temperatura acima dos 60 °C.

Agora é a sua vez!

1. Quais funções são determinadas pelos grupos funcionais presentes em cada um dos produtos formados (ácido acetilsalicílico e salicilato de metila)? Justifique sua resposta.
2. Coloque em ordem crescente de solubilidade em água o ácido salicílico, o salicilato de sódio e o salicilato de metila. Justifique sua resposta em função dos fatores estruturais dos referidos compostos.
3. Explique como funciona o processo de recristalização do ácido acetilsalicílico.
4. Qual é a função do clorofórmio na purificação do salicilato de metila?
5. Com base nos seus conhecimentos de interações intermoleculares, explique o alto ponto de ebulição do salicilato de metila comparado ao ácido salicílico.
6. Qual grupo funcional é evidenciado pelo teste de caracterização que emprega o cloreto férrico?
7. Por que o ácido acetilsalicílico é sólido à temperatura ambiente enquanto o salicilato de metila é líquido?

Análise qualitativa de alcoóis

Os alcoóis são compostos orgânicos caracterizados pela presença de hidroxila (grupo funcional) ligada diretamente a um carbono saturado, são amplamente utilizados como solventes e combustíveis, classificados como primários, secundários ou terciários. Os alcoóis primários e secundários podem ser diferenciados dos terciários, uma vez que os dois primeiros reagem com um agente oxidante, como o dicromato de potássio, enquanto os últimos não.

$$R-\overset{\overset{H}{|}}{\underset{\underset{H}{|}}{C}}-O-H \xrightarrow{[O]} \xrightarrow{[O]} R-\overset{\overset{O}{\|}}{C}-OH$$

Álcool primário

$$R-\overset{\overset{H}{|}}{\underset{\underset{R'}{|}}{C}}-O-H \xrightarrow{[O]} R-\overset{\overset{O}{\|}}{C}-R'$$

Álcool secundário

$$R-\overset{\overset{R''}{|}}{\underset{\underset{R'}{|}}{C}}-O-H \xrightarrow{[O]} \text{Não ocorre}$$

Álcool terciário

[O] = agente oxidante

As cadeias carbônicas são diferenciadas por meio da reação de combustão, pois quanto menor a cadeia carbônica, mais rápida é a reação. Por outro lado, a combustão incompleta é favorecida na queima de alcoóis de cadeias longas, ramificados ou insaturados.

Na prática a seguir, vamos avaliar as propriedades físicas e químicas dos alcoóis de diferentes cadeias. Inicialmente, são determinadas a solubilidade e a densidade das amostras dos diferentes alcoóis, e tais propriedades são relacionadas a suas estruturas químicas. Em seguida, é avaliado o tamanho e o tipo de cadeia carbônica ao observar o aspecto visual da chama obtida por meio das reações de combustão. Finalmente, diferenciamos os alcoóis primário e secundário do álcool terciário por meio da reação de oxidação.

Amostras: metanol, etanol, propan-1-ol, propan-2-ol, 2-metilpropan-2-ol.

Reagentes: dicromato de potássio e ácido sulfúrico.

Materiais e equipamentos: uma balança semianalítica, cinco balões volumétricos de 5 mL, oito pipetas de Pasteur, cinco cadinhos, fósforo, grade para tubos de ensaio, dez tubos de ensaio e capela.

Procedimento:

a) *Determinação da solubilidade em água:* Identifique o tubo de ensaio correspondente a cada uma das amostras e adicione 1 mL de cada um dos alcoóis ao respectivo tubo de ensaio. Em seguida, adicione 1 mL de água em cada um dos tubos, agite e anote os resultados observados na Tabela 5.1.

b) *Determinação da densidade dos alcoóis:* Identifique o balão volumétrico limpo e seco e o pese ainda vazio. Complete o balão com o álcool apropriado e calcule a sua densidade ($d_{álcool}$) de acordo com a Equação 9:

$$d = \left(\frac{m_2 - m_1}{V}\right)$$

d = densidade da amostra (g·mL⁻¹)
m_1 = massa do balão volumétrico seco (g)
m_2 = massa do balão volumétrico com a amostra (g)
V = volume do balão volumétrico (mL)

(9)

c) *Reação de combustão*: Em uma capela, identifique o cadinho e adicione 1 mL da respectiva amostra. Adicione um fósforo aceso em cada um dos cadinhos e observe o aspecto das chamas.
d) *Reação de oxidação de alcoóis:* Em um tubo de ensaio previamente identificado, adicione 1 mL de etanol, 1 mL de dicromato de potássio 0,1 mol/L e 5 gotas de ácido sulfúrico concentrado. Agite e observe se há variação na cor. Repita o procedimento para os demais. Plote os resultados obtidos em uma tabela, como a apresentada a seguir:

Tabela 5.1 » Resultado dos testes das amostras

Álcool		Solubilidade		Densidade (g/mL)	Combustão	Oxidação
Nome	Estrutura	Água	Encontrada	Tabelada (20 °C)	Cor da chama	Alteração da cor
metanol	*	*	*	0,792	*	*
etanol	*	*	*	0,790	*	*
propan-1-ol	*	*	*	0,800	*	*
propan-2-ol	*	*	*	0,785	*	*
2-metilpropan-2-ol	*	*	*	0,780	*	*

Agora é a sua vez!

1. Represente as estruturas químicas de cada álcool analisado nesta prática.
2. Qual é a relação entre a estrutura química e:
   a) a solubilidade em água?
   b) a densidade?
3. Defina álcool primário, secundário e terciário.
4. A quais funções pertencem os produtos formados na oxidação do álcool primário e secundário?
5. O etanol é um dos mais versáteis. Faça uma pesquisa sobre as suas aplicações.
6. Por que os valores de densidade encontrados são menores do que a densidade da água (1 gmL^{-1}).

> **NO SITE**
> As respostas dos exercícios estão disponíveis no ambiente virtual de aprendizagem Tekne.

capítulo 6

Exercícios e estudos de caso

A exemplo do capítulo anterior, que focou diversas práticas em laboratório, continuamos aqui com mais procedimentos para solidificar seus conhecimentos, agora na área de bioquímica. Serão trabalhados desde os metabólitos (primários e secundários) até os processos simples envolvendo a fabricação de geleias e sabões.

Objetivos de aprendizagem

» Para compostos orgânicos que apresentam relevância em alguns campos do conhecimento, reconhecer como a relação entre estrutura e propriedades pode ser explorada, possibilitando analisá-los, segundo a visão da química orgânica.

>> Metabólitos

Todo ser vivo é capaz de transformar as substâncias que assimila em outras substâncias necessárias para a manutenção de sua vida. Este processo é realizado até pelas espécies mais simples, como é o caso dos seres unicelulares. O estudo das reações que ocorrem nos organismos dos seres vivos é conhecido como **bioquímica**, e as substâncias produzidas por eles são denominadas **metabólitos** (em sua maioria, são substâncias orgânicas).

>> PARA REFLETIR

Considerando a natureza dos metabólitos, de modo geral, como seriam suas estruturas químicas?

Os metabólitos são divididos em duas grandes classes: **metabólitos primários**, onde se agrupam as substâncias essenciais para a manutenção da vida e que desempenham papéis estruturais e de obtenção de energia; e os **metabólitos secundários**, onde se agrupam as substâncias formadas em menor escala e que atuam nas interações adaptativas dos seres vivos com o meio ambiente.

>> Metabólitos primários

Os metabólitos primários apresentam perfis estruturais variados, podendo ser organizados nas seguintes classes: carboidratos, aminoácidos, proteínas, lipídeos e ácidos nucleicos. São encontrados em todos os seres vivos.

>> Agora é a sua vez!

1. No quadro a seguir, são mostradas as estruturas químicas de pelo menos um representante de algumas classes de metabólitos primários. Para cada uma, circule os grupos funcionais presentes e indique a função química determinada pelo grupo funcional assinalado.

Agora é a sua vez!

Carboidrato   Aminoácido   Peptídeo   Lipídeo

2. Na estrutura do peptídeo representado, assinale os carbonos estereogênicos.
3. Esboce o estereoisômero que possui todos os carbonos estereogênicos com configuração absoluta R, tanto para o aminoácido quanto para o peptídeo representado anteriormente.
4. Esboce o enantiômero dos metabólitos da questão anterior.
5. Dentre os metabólitos quirais, algum poderia apresentar um estereoisômero opticamente inativo? Justifique.
6. Estudos das espécies vegetais muitas vezes são realizados por extrações sucessivas com solventes de polaridades crescentes. Considere que uma espécie vegetal apresente os metabólitos representados anteriormente e que será submetida à extração com hexano e, em seguida, etanol. Quais metabólitos seriam removidos da amostra vegetal pelo hexano e quais seriam removidos pelo etanol? Justifique.
7. Qual é a relação entre a denominação dos aminoácidos e sua estrutura química? Pense nas funções orgânicas determinadas pelos grupos funcionais presentes.
8. Define-se como lipídeo toda molécula produzida por um ser vivo que possa ser extraída deste utilizando solventes apolares. Considerando esta informação, deduza as principais características estruturais que os lipídeos devem apresentar.
9. A glicose é um carboidrato que pode se apresentar em cadeia aberta ou pode ciclizar, gerando a α-glicopiranose e a β-glicopiranose. Essas três estruturas possíveis para a glicose são mostradas a seguir. Observe cada uma delas e responda:

Glicose   β-D-(+)-glicopiranose   α-D-(+)-glicopiranose

(Continua)

Agora é a sua vez! *(Continuação)*

a) Com base na estrutura química, justifique o fato de a glicose ser muito solúvel em água.
b) Essas substâncias são levógiras ou dextrógiras? Justifique.
c) Podemos dizer que a glicose é um isômero da α-glicopiranose e da β-glicopiranose? Justifique.
d) Entre a α-glicopiranose e a β-glicopiranose existe um tipo de estereoisomeria na qual uma molécula é o anômero da outra. Observe ambas as estruturas e deduza a definição do termo anomeria. Para tal, preste bastante atenção à configuração absoluta dos carbonos estereogênicos.
e) Espera-se que a α-glicopiranose e a β-glicopiranose possuam os mesmos valores de rotação específica? Justifique. (Para ver o conceito de rotação específica, consulte material complementar, disponível no ambiente virtual de aprendizagem Tekne.)
f) Podemos observar que, ao ciclizar a glicose, é formado um anel de seis membros. Considere os ângulos internos das figuras geométricas representadas no quadro a seguir e, considerando o tipo de hibridização dos carbonos da glicose, justifique o fato de a ciclização da glicose levar à formação de anéis de seis membros.

Figura	Triângulo	Quadrado	Pentágono	Hexágono
Ângulo (º)	30	90	106	109

g) O amido é formado pela união de milhares de moléculas de glicose. Podemos dizer que o amido é um polímero?

10. Proteínas são formadas pela união de várias moléculas de aminoácidos, geralmente produzindo longas cadeias que são enoveladas sobre si mesmas, e estes novelos, por sua vez, ainda se enovelam uns em torno dos outros. Os tipos de interações intermoleculares que determinam estes enrolamentos são as ligações de hidrogênio intramoleculares e as interações hidrofílicas e hidrofóbicas com o meio no qual a molécula de proteína está. Considere tais interações para responder as seguintes perguntas:
    a) Quais átomos ou grupos de átomos devem estar presentes na molécula de proteína para possibilitar a formação das ligações de hidrogênio intramoleculares?
    b) Considere que na cadeia de determinada proteína há aminoácidos com grupos polares e outros com grupos apolares. Como será o enovelamento desta proteína se ela estiver em uma solução aquosa?

Agora é a sua vez!

c) Quando uma proteína é retirada do organismo, onde está em uma solução aquosa, e é transferida para um recipiente onde ficará submersa em um solvente apolar, esta se desenovela e se rearranja espacialmente, expondo os grupos que no meio aquoso estavam protegidos "dentro" do arranjo original. Como você explica quimicamente este processo?

11. Na classe dos lipídeos estão as moléculas de ácidos graxos e as moléculas de triacilgliceróis, que nada mais são do que ácidos carboxílicos com uma cadeia carbônica bastante longa e os ésteres formados a partir da união destes ácidos com o propano-1,2,3-triol (glicerol). Represente a estrutura genérica das moléculas destas duas classes.

12. Os óleos vegetais são constituídos pela mistura de várias moléculas de triacilgliceróis, que em geral apresentam pelo menos uma dupla ligação *cis* nas cadeias carbônicas. Para converter o óleo vegetal em margarina, se utiliza a hidrogenação, que elimina as insaturações. Com base em seu conhecimento sobre geometria molecular, forças de Van der Waals e empacotamento, proponha uma explicação para a hidrogenação converter o óleo do estado líquido para o pastoso.

13. Considerando a estrutura química das moléculas de gordura, explique por que é impossível limpar uma faca suja de margarina apenas com água.

14. Os sabões conseguem remover as gorduras nos processos de lavagem porque são moléculas com uma cadeia carbônica de baixa polaridade longa ligada a um grupo polar (carboxilato de sódio). Considerando as afinidades desta cadeia apolar e deste grupo polar, explique, quimicamente, como os sabões auxiliam na remoção das gorduras pela lavagem com água.

15. O palmitato de cetila $CH_3[CH_2]_{14}CO_2[CH_2]_{15}CH_3$ é o principal componente do espermacete das baleias cachalote, substância armazenada em um órgão localizado na cabeça da baleia. Quando a baleia mergulha em águas mais frias e profundas, este espermacete solidifica e possibilita que a baleia fique nessa profundidade sem gastar energia. Ao subir para águas mais rasas e quentes, o lipídeo se liquefaz novamente. Explique estas transformações.

16. Qual é o nome IUPAC do palmitato de cetila $CH_3[CH_2]_{14}CO_2[CH_2]_{15}CH_3$? Esta molécula apresenta insaturações em suas cadeias carbônicas? Justifique.

» Metabólitos secundários vegetais

Várias classes de metabólitos secundários são produzidos pelas diferentes espécies de seres vivos. Os metabólitos secundários vegetais são muito estudados, pois, desde a antiguidade, são empregados como medicamentos.

Alcaloides

Os alcaloides são substâncias farmacologicamente ativas que, estruturalmente, são cíclicas, possuindo no anel pelo menos um átomo de nitrogênio. A extração de moléculas desta classe é feita seguindo a metodologia a seguir:

1. As folhas secas e trituradas do vegetal são imersas em triclorometano (um solvente de baixa polaridade) e permanecem sob agitação por algumas horas. Nesta etapa, todos os metabólitos apolares ou de baixa polaridade são extraídos do vegetal.
2. Após a agitação, o sistema é filtrado. Adiciona-se ao produto uma solução diluída de ácido clorídrico. Nesta etapa, os alcaloides, por possuírem um átomo de nitrogênio, reagem com o ácido, formando um sal. Na forma de sal, eles migram para a fase aquosa.
3. É feita uma partição para separar as fases aquosa e orgânica. Nesta etapa, os alcaloides, na forma de sal, são separados dos demais metabólitos vegetais que foram extraídos pelo solvente orgânico.
4. A fase aquosa é então neutralizada por uma solução diluída de NaOH. Nesta etapa, o NaOH reage com o sal, capturando o próton e regenerando a molécula original do alcaloide.
5. A fase aquosa é submetida a outra partição com solvente apolar e a fase apolar resultante desta partição é recolhida. Nesta etapa, o alcaloide é removido da fase aquosa.
6. O solvente é eliminado por evaporação à pressão reduzida. O sólido resultante apresentará os alcaloides isolados.

» Agora é a sua vez!

1. a) Observe as estruturas dos vários alcaloides mostrados a seguir. Quais delas poderiam ser extraídas pelo processo descrito, se o solvente inicial fosse o hexano? Justifique.

Agora é a sua vez!

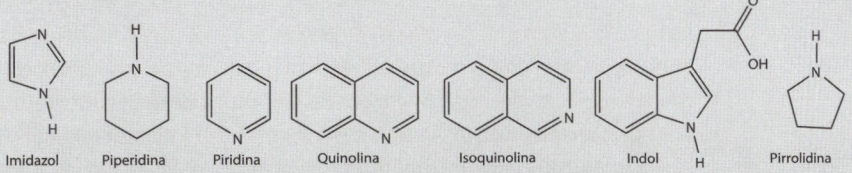

Imidazol · **Piperidina** · **Piridina** · **Quinolina** · **Isoquinolina** · **Indol** · **Pirrolidina**

b) Se o sólido obtido ao final da extração for submetido à determinação da temperatura de fusão e resultar no intervalo 225-230 °C, poderemos dizer que foi isolado um alcaloide puro? Justifique.

c) Uma solução formada pela dissolução do sólido resultante da extração de um vegetal que possui todos os alcaloides representados em (a) teria atividade óptica? Justifique.

2. Observe as estruturas dos seguintes alcaloides, focando sua atenção apenas nos carbonos estereogênicos para os quais foi utilizada a representação com traço, linha e cunha:

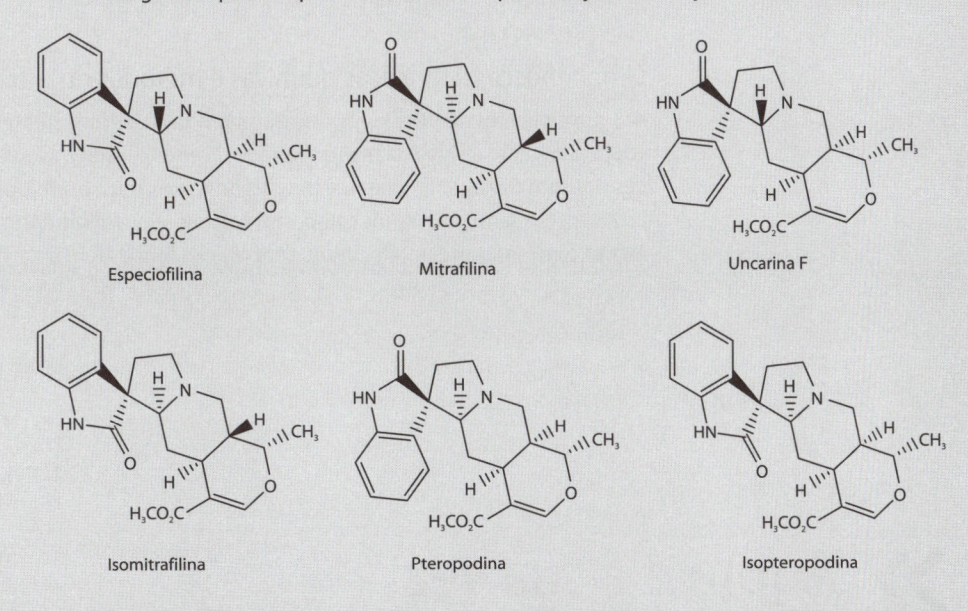

Especiofilina · Mitrafilina · Uncarina F

Isomitrafilina · Pteropodina · Isopteropodina

a) Uma solução formada por quantidades equimolares destes alcaloides exibiria atividade óptica? Justifique.
b) Essas moléculas poderiam ser distinguidas uma da outra por seus pontos de fusão? Justifique.
c) Os valores de rotação específica de cada molécula representada seriam coincidentes em módulo? Justifique.*

(*Continua*)

---
* Verifique material complementar.

>> Agora é a sua vez! *(Continuação)*

3. Imagine que uma espécie vegetal produz as seis moléculas apresentadas na questão 2 e seja necessário promover o isolamento (a separação) de cada uma delas. Uma técnica que se baseia na separação por diferença de polaridade seria eficiente? Justifique.
4. Considere as estruturas dos seguintes solventes: hexano, diclorometano e etanol. Com base nestas estruturas, determine a ordem crescente de polaridade. Considerando que o solvente mais eficiente para extrair uma molécula é aquele cuja polaridade mais se aproxima da polaridade da molécula em questão, qual dos solventes citados seria capaz de extrair com mais eficiência os alcaloides representados na questão 2? Justifique.
5. Os seis isômeros da questão 2 são todos estereoisômeros possíveis para a estrutura em questão? Justifique mostrando os cálculos.

Limoneno: características químicas e métodos de extração

Nas proximidades de uma laranjeira, é comum perceber um aroma levemente adocicado, característico da planta. Entre as diversas substâncias voláteis liberadas por suas folhas, o limoneno é um dos principais responsáveis pela referida característica sensorial. Outros compostos voláteis também são encontrados, em menor concentração e, muitas vezes, sem relação com o aroma.

>> Agora é a sua vez!

1. Pesquise a estrutura química do limoneno.
    a) Ele apresenta isomeria geométrica? Justifique.
    b) Caso apresente, qual é a sua configuração?
    c) Nesse caso, o outro isômero geométrico seria estável? Justifique.
    d) Ele apresenta isomeria óptica? Justifique.
    e) Caso apresente isomeria óptica, desenhe a estrutura de todos os estereoisômeros possíveis.

Agora é a sua vez!

f) Entre os compostos voláteis liberados pelas folhas da laranjeira está o terpinoleno. Ele corresponde ao enantiômero do limoneno? Justifique.
g) O limoneno apresenta duas ramificações ligadas à sua cadeia principal. Pode-se atribuir a nomenclatura *o*, *m* e *p* para identificar suas posições na cadeia principal? Justifique.

Os compostos voláteis das folhas da laranjeira podem ser extraídos utilizando métodos como a extração por arraste a vapor que é um tipo de destilação onde o vapor da água em ebulição arrasta os compostos voláteis das folhas em contato com a água. Na outra extremidade do equipamento, o vapor de água e os compostos voláteis são condensados e mantidos em um cilindro de vidro acima da torneira para coleta posterior.

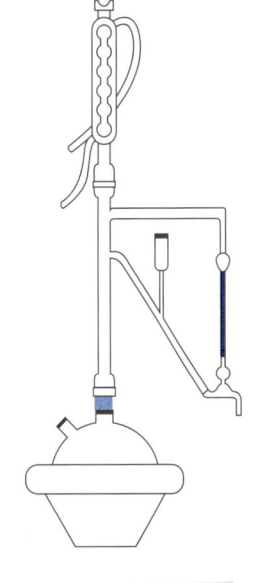

Figura 6.1 Representação do extrator de arraste a vapor de Clevenger modificado.
Ilustração: Tâmisa Trommer.

Agora é a sua vez!

1. Após a condensação dos compostos voláteis das folhas de laranjeira e do vapor de água, como saber quem corresponde a cada fase líquida imiscível? Utilize a estrutura química do limoneno como representante dos compostos voláteis. Justifique.
2. Em alguns casos, dependendo da massa de folhas da laranjeira, é necessário dissolver o extrato em um solvente apropriado. Cite 3 solventes adequados e justifique cada escolha por meio da geometria molecular e da soma dos vetores de momento dipolo.

(Continua)

Agora é a sua vez! *(Continuação)*

3. Tendo a estrutura do limoneno como referência, explique por que os compostos liberados no ar pelas folhas das laranjeiras são voláteis.

Outra forma de extrair o limoneno e os demais compostos voláteis é picar as folhas de laranjeira, inseri-las em um recipiente com solvente de polaridade adequada e tampá-lo. Em seguida, se deve aguardar um período de tempo suficiente até a extração dos compostos de interesse e, então, eliminar o solvente por meio de um processo de aquecimento brando associado ao vácuo (rotaevaporação) (Figura 6.2).

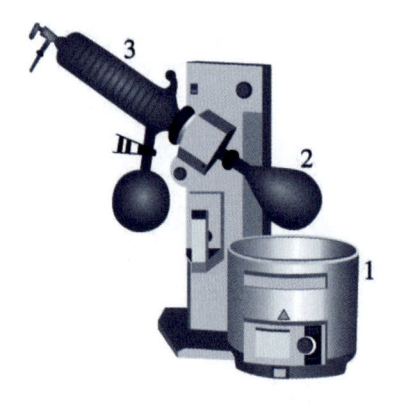

Figura 6.2 Rotaevaporador: (1) banho-maria, (2) balão com a amostra e (3) condensador.
Ilustração: Tâmisa Trommer.

Agora é a sua vez!

1. O que se pode afirmar sobre possíveis contaminações tendo em vista o método de extração com solvente?
2. Qual dos dois métodos, arraste a vapor ou extração com solvente, apresenta um extrato de compostos voláteis condensados com maior massa? Justifique.

Atualmente, o método mais empregado para a extração de compostos voláteis de plantas para análise instrumental é a microextração em fase sólida (MEFS). O equipamento é simples: uma seringa de metal com uma fibra extratora em sua extremidade. O tipo de fibra escolhido depende da polaridade das substâncias a serem extraídas (Figura 6.3).

Figura 6.3 Representação do equipamento de MEFS: (1) Suporte para as mãos, (2) suporte metálico inerte e (3) fibra.
Ilustração: Tâmisa Trommer.

>> **IMPORTANTE**
A escolha do método de extração depende de vários fatores, como evitar ao máximo a degradação dos compostos voláteis durante a extração, empregar o menor tempo de extração, apresentar melhor reprodutibilidade dos dados e ter o custo mais baixo.

Se o analista desejar extrair compostos de polaridade mais baixa, basta selecionar uma fibra cujas cadeias tenham polaridade baixa. Por outro lado, se o objetivo for extrair compostos de polaridade alta, seleciona-se a fibra cujas cadeias tenham alta polaridade.

>> Agora é a sua vez!

1. Pesquise qual é a constituição das fibras de MEFS (em inglês SPME), conhecidas como PDMS e poliacrilato (em inglês, polyacrylate).
2. Compostos voláteis, como o limoneno, apresentarão maior afinidade com qual das duas fibras? Justifique.

>> As geleias e a pectina

Geleias são produtos comerciais de aspecto gelatinoso, compostas majoritariamente por polpas de frutas e açúcar. Elas apresentam grande aceitação por parte dos consumidores, além de grande vantagem tecnológica, já que conservam grande parte dos nutrientes por longos períodos.

Várias frutas são usadas na produção de geleias, entre elas uva, goiaba, limão e morango.

O processo básico de produção de geleias é simples, e sua química, muito interessante. A principal responsável pela gelatinização das polpas de frutas é uma molécula muito extensa (polímero) denominada pectina, representada a seguir:

Agora é a sua vez!

1. Observe a estrutura da pectina e identifique as funções orgânicas existentes. Identifique também os carbonos estereogênicos e em quais sítios é possível realizar ligações de hidrogênio.
2. Agora enumere os carbonos de cada ciclo de forma independente. Para tanto, considere o oxigênio de cada ciclo ligado aos carbonos 1 e 5, sendo uma hidroxila ligada ao carbono 2 e a outra ligada ao carbono 3. Tendo a numeração, fique atento aos carbonos 6, pois eles serão determinantes na formação da geleia.

A primeira etapa da produção da geleia envolve a adição de um composto orgânico ácido, como o ácido cítrico, a uma mistura de polpa de fruta com um pouco de água. A acidificação do meio favorece a aproximação das longas cadeias de pectina.

Agora é a sua vez!

1. Proponha uma explicação plausível para a aproximação das cadeias após a adição do ácido cítrico à polpa da fruta.
2. Pesquise a estrutura química do ácido cítrico e verifique as seguintes características:
    a) presença de carbonos estereogênicos;
    b) solubilidade em água;
    c) quantidade de isômeros ópticos se a posição da hidroxila for permutada com um dos hidrogênios dos carbonos CH_2 vicinais (CH_2 vizinhos ao carbono ligado à hidroxila).

A segunda etapa da produção corresponde à adição de açúcar comercial (sacarose) à mistura. Assim como na etapa anterior, as cadeias de pectina tendem a se aproximar mais ainda, interagindo de forma mais eficaz.

Agora é a sua vez!

1. Proponha uma explicação plausível para a ação da sacarose na aproximação das cadeias de pectina.
2. Pesquise a estrutura química da sacarose e responda as seguintes perguntas:
    a) A sacarose apresenta uma cadeia longa, similar à pectina?
    b) Qual das duas substâncias apresenta maior solubilidade em água? Justifique.
    c) Desenhe a estrutura química do enantiômero da sacarose.
    d) Quantos estereoisômeros a sacarose apresenta?
    e) Mostre todas as ligações de hidrogênio possíveis com as moléculas de água.
    f) Quais funções orgânicas são encontradas em sua estrutura?

A última etapa da produção está relacionada ao aquecimento da mistura. Este processo físico gera, com o tempo, a geleia.

Agora é a sua vez!

1. Lembre-se de que o processo é físico. O que faz a mistura em meio aquoso formar, com o tempo, a geleia?
2. Pesquise por que esse produto é capaz de proteger parte dos nutrientes das frutas da degradação microbiana.
3. Pesquise outras moléculas de cadeia longa similares à pectina, como a celulose, o amido e o glicogênio. Elas apresentam o perfil químico necessário para a formação de geleias? Justifique.

Processo de fabricação de sabão em pasta para dar brilho às louças

Um técnico em química foi incumbido de fabricar sabão em pasta usado para deixar panelas de metal brilhantes. Para tanto, empregou um dos procedimentos disponíveis em livros de elaboração de produtos de limpeza.

Inicialmente, ele mediu 45 g de um produto comercial conhecido como ácido graxo de arroz em um recipiente de aço inoxidável de 500 mL. Curioso sobre o produto, o técnico pesquisou e descobriu que sua constituição básica é de triacilgliceróis, como o composto a seguir:

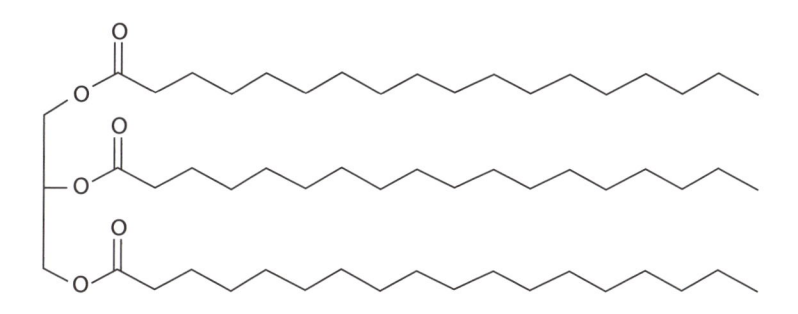

>> PARA REFLETIR

O que o técnico pôde concluir sobre a polaridade do produto comercial? Que tipos de interações intermoleculares são mais frequentes? Se compararmos os pontos de ebulição da molécula de triacilglicerol representada acima com o da água, qual teria maior ponto de ebulição? Justifique.

Voltando ao procedimento: ele então transferiu 60 mL de água para o recipiente de aço e aqueceu lentamente a mistura até ela alcançar 60 °C.

>> PARA REFLETIR

Nesta condição, que tipo de mistura foi observada pelo técnico: homogênea ou heterogênea? E qual é o estado físico da mistura após o aquecimento?

Ao atingir a temperatura determinada, ele adicionou aos poucos 24 g de uma solução de KOH alcoólica 20 % (m·V^{-1}), agitando constantemente o sistema. Com o passar do tempo, o técnico observou que houve um aumento na temperatura da mistura.

>> PARA REFLETIR

Por que a solução de KOH empregada nesse procedimento foi produzida tendo como solvente o álcool etílico (etanol) em vez de água?

Curioso sobre o processo, o técnico pesquisou e conseguiu verificar que esta etapa corresponde a duas reações químicas, apresentadas a seguir.

(Reação 1)

(Reação 2)

Química orgânica: estrutura e propriedades

160

Agora é a sua vez!

1. Complete a afirmação a seguir substituindo *** pelos termos apropriados:
   A primeira reação corresponde a uma hidrólise. Porém, pode-se facilmente constatar que equivale a uma reação onde triacilgliceróis, classificados como ***, são convertidos em compostos de duas funções orgânicas distintas: *** e ***.
2. Entre o substrato e os produtos da primeira reação, qual é polar e qual apresenta baixa polaridade? Justifique.
3. Um dos produtos da primeira reação é conhecido como glicerol. Apesar do seu nome comum, é possível supor qual é sua função orgânica. O que se pode supor quanto à sua miscibilidade em água? E quanto à estereoquímica, ele apresenta isomeria óptica? Justifique.
4. Na segunda reação, forma-se o sabão, capaz de interagir com substâncias de baixa polaridade, característica de sujidades, e com a água que o enxagua ao final. Com base na estrutura química do produto, justifique a presença dessas características.
5. Se o ácido etanoico fosse o composto orgânico empregado como reagente na segunda reação, seria formado um sabão? Justifique.

Voltando ao procedimento: para evitar a formação de espuma durante a fabricação do sabão, o técnico adicionou 60 mL de água no recipiente e agitou a mistura até a temperatura baixar para 60 °C. Em seguida, adicionou mais 180 mL de água e aguardou o sistema resfriar até a temperatura ambiente para adquirir o aspecto e a consistência pastosa desejados. Por fim, transferiu a pasta para recipientes de plástico, tampando-os e rotulando-os.

Agora é a sua vez!

O técnico ficou satisfeito com a qualidade do produto formado. Entretanto, como teve dificuldades para comprar o ácido graxo de arroz, pensou que talvez pudesse substituí-lo por óleo de soja comercial ou parafina. Pesquise a constituição de ambos e avalie se essa substituição seria possível, em cada um dos casos.

» NO SITE
As respostas dos exercícios estão disponíveis no ambiente virtual de aprendizagem Tekne.

Leituras sugeridas

AGÊNCIA NACIONAL DO PETRÓLEO, GÁS NATURAL E BIOCOMBUSTÍVEIS (Brasil). *Cartilha do posto revendedor de combustíveis*. 5. ed. Rio de Janeiro: ANP, 2011. Disponível em: < http://www.sincombustiveis.com.br/cartilha.pdf >. Acesso em: 28 ago. 2014.

AGÊNCIA NACIONAL DE VIGILÂNCIA SANITÁRIA (Brasil). Resolução RDC n. 270 de 22 de setembro de 2005. Regulamento técnico para óleos vegetais, gorduras vegetais e creme vegetal. *Diário Oficial da União*, Brasília, DF, 23 set. 2005.

BARBOSA, L. C. A. *Introdução à química orgânica*. 2. ed. São Paulo: Pearson Prentice Hall, 2011.

BORSATO, D.; MOREIRA, I.; GALÃO, O. F. *Detergentes naturais e sintéticos*: um guia técnico. Londrina: UEL, 1999.

BRASIL. Ministério da Agricultura, Pecuária e Abastecimento. Instrução Normativa n. 1, de 30 de janeiro de 2012. Regulamento técnico do azeite de oliva e do óleo de bagaço de oliva. *Diário Oficial da União*, Brasília, DF, 01 fev. 2012, Seção 1, p. 5-8.

FELTRE, R. *Fundamentos da química*. 3. ed. São Paulo: Moderna, 2001.

FRANCHETTI, S. M. M.; MARCONATO, J. C. A importância das propriedades físicas dos polímeros na reciclagem. *Química Nova na Escola*, São Paulo, n. 18, p. 42-45, nov. 2003.

HOSTETTMANN, K.; QUEIROZ, E. F.; VIEIRA, P. C. *Princípios ativos de plantas superiores*. São Carlos: EdUFScar, 2003.

INSTITUTO ADOLF LUTZ. Óleos e gorduras. In: ____ . *Métodos físico-químicos de análise de alimentos*. 4. ed. São Paulo: Instituto Adolfo Lutz, 2008. Disponível em: < http://www.crq4.org.br/sms/files/file/analisedealimentosial_2008.pdf >. Acesso em: 28 ago. 2014.

MACHADO, A. M. R. *Química orgânica aplicada II*. Belo Horizonte: CEFET-MG, 2007.

MACHADO, A. M. R.; VIDIGAL, M. C. S.; SANTOS, M. S. *Química orgânica prática*. Belo Horizonte: CEFET-MG, 2007.

MAHAN, B. M.; MYERS, R. J. *Química:* um curso universitário. 4. ed. São Paulo: Edgard Blucher, 1996.

MARCON, M. J. A.; AVANCINI, S. R. P.; AMANTE, E. R. *Propriedades químicas e tecnológicas do amido de mandioca e do polvilho azedo*. Florianópolis: UFSC, 2007.

MARZZOCO, A.; TORRES, B. B. *Bioquímica básica*. 2. ed. Rio de Janeiro: Guanabara Koogan, 1999.

MORRISON, R.; BOYD, R. *Química orgânica*. 15. ed. Lisboa: Fundação Calouste Gulbenkian, 2009.

ROMERO, J. R. *Fundamentos de estereoquímica dos compostos orgânicos*. Ribeirão Preto: Holos, 1998.

SIMÕES, C. M. O. et al. *Farmacognosia*: da planta ao medicamento. Porto Alegre: UFRGS, 1999.

SOLOMONS, T. W. G.; FRYHLE, C. B. *Química orgânica*. 9. ed. Rio de Janeiro: LTC, 2009. v. 1.

SOLOMONS, T. W. G.; FRYHLE, C. B. *Química orgânica*. 9. ed. Rio de Janeiro: LTC, 2009. v. 2.

VISENTAINER, J. G.; FRANCO, M. R. B. *Ácidos graxos em óleos e gorduras:* identificação e quantificação. São Paulo: Varela, 2006.

VOGEL, A. I. *Química orgânica*: análise orgânica qualitativa. 3. ed. Rio de Janeiro: Livro Técnico S.A, 1980. v. 2.

VOGEL, A. I. *Química orgânica*: análise orgânica qualitativa. 3. ed. Rio de Janeiro: Livro Técnico S.A., 1980. v. 3.

edelbra

Impressão e Acabamento
E-mail: edelbra@edelbra.com.br
Fone/Fax: (54) 3520-5000

IMPRESSO EM SISTEMA CTP